点集拓扑简明教程

DIANJI TUOPU JIANMING JIAOCHENG

邓勤涛／主编

華中師範大學出版社

新出图证(鄂)字 10 号

图书在版编目(CIP)数据

点集拓扑简明教程 / 邓勤涛主编. --武汉:华中师范大学出版社,2025.2.--ISBN 978-7-5769-0948-7

Ⅰ.O189.1

中国国家版本馆 CIP 数据核字第 2025SOW823 号

点集拓扑简明教程

编辑室:教师教育分社　　**电话**:027-67867370

责任编辑:陈良军　　**责任校对**:王　胜　　**封面设计**:罗明波

出版发行:华中师范大学出版社有限责任公司

社址:湖北省武汉市洪山区珞喻路 152 号　　**邮编**:430079

销售电话:027-67863426(发行部)

网址:http://press.ccnu.edu.cn　　**电子邮箱** press@mail.ccnu.edu.cn

印刷:武汉邮科印务有限公司　　**督印**:刘　敏

开本:787mm×1092mm　1/16　　**印张**:7.25　　**字数**:185 千字

版次:2025 年 3 月第 1 版　　**印次**:2025 年 3 月第 1 次印刷

定价:38.00 元

欢迎上网查询、购书

前　　言

本书主要介绍点集拓扑的基本概念及基本理论，全书分为四个部分：

- 预备知识：第 1 章；
- 拓扑空间：第 2—3 章；
- 拓扑变换：第 4 章；
- 拓扑性质：第 5—10 章.

我们采用的路径是：

欧氏空间⟶拓扑空间⟶度量空间.

这样做的好处是可以让学生尽早熟悉开集语言，并及早跳出欧氏空间思考问题，为了更好地理解点集拓扑的相关概念，我们会反复使用以下拓扑：

- 离散拓扑；
- 平庸拓扑；
- 余有限拓扑；
- 余可数拓扑；
- **R** 上的下限拓扑.

点集拓扑是近代数学的基本语言，并不是一个活跃的研究方向，请同学们不要沉迷于刷题.

本书可作为师范类院校数学专业教材. 欢迎大家在使用的过程中提出自己的宝贵意见.

本书的出版得到了华中师范大学数学数学与统计学学院的资助. 在出版的过程中，出版社同志细致地审读修改了稿件，提出了许多宝贵的意见. 在本书前期的使用中，钟福林、彭浩然、邹家桐、寇芸嘉等同学也提出了许多意见和建议. 对于上述帮助，编者在此一并表示衷心感谢.

邓勤涛

2025 年 1 月 19 日于华中师范大学

目　　录

第 1 章　预备知识

1.1　集合及其运算

定义 1.1（集合的并与交）　设$\{A_\alpha\}_{\alpha\in\Lambda}$为一族集合，其中$\Lambda$为指标集.

（1）并：$\bigcup\limits_{\alpha\in\Lambda}A_\alpha:=\{x:$ 存在 $\alpha_0\in\Lambda$，使得 $x\in A_{\alpha_0}\}$.

（2）交：$\bigcap\limits_{\alpha\in\Lambda}A_\alpha:=\{x:$ 对 $\forall\alpha\in\Lambda,x\in A_\alpha\}$.

定义 1.2（集合的差与补）　设A,B为集合，X为全集.

（1）差：$A\backslash B:=\{x:x\in A$ 且 $x\notin B\}$.

（2）补：$A^c:=\{x:x\in X$ 且 $x\notin A\}$.

定理 1.1（集合之间的运算性质）　设A,B,C为集合，则

（1）交换律：$A\cup B=B\cup A,A\cap B=B\cap A$.

（2）结合律：$A\cup(B\cup C)=(A\cup B)\cup C,A\cap(B\cap C)=(A\cap B)\cap C$.

定理 1.2（集合之间的运算性质）　设A为集合，$\{A_\alpha\}_{\alpha\in\Lambda}$为一族集合.

（1）分配律：

$$A\cap(\bigcup_{\alpha\in\Lambda}A_\alpha)=\bigcup_{\alpha\in\Lambda}(A\cap A_\alpha),A\cup(\bigcap_{\alpha\subset\Lambda}A_\alpha)=\bigcap_{\alpha\in\Lambda}(A\cup A_\alpha).$$

（2）De Morgan 律：

$$(\bigcup_{\alpha\in\Lambda}A_\alpha)^c=\bigcap_{\alpha\in\Lambda}A_\alpha^c,(\bigcap_{\alpha\in\Lambda}A_\alpha)^c=\bigcup_{\alpha\in\Lambda}A_\alpha^c.$$

定义 1.3（集合的乘积）　设A,B为集合，定义A与B的乘积为

$$A\times B:=\{(a,b):a\in A,b\in B\}.$$

例 1（集合的乘积）

（1）$\mathbf{R}^2=\mathbf{R}\times\mathbf{R}$.

（2）设$A=\{1,2\},B=\{a,b,c\}$，则

$$A\times B=\{(1,a),(1,b),(1,c),(2,a),(2,b),(2,c)\}.$$

定义 1.4(关系)　设 A,B 为非空集合，$A\times B$ 的一个非空子集 R 称为从 A 到 B 的一个关系.

定义 1.5(等价关系)　设 A 为非空集合，若 R 为从 A 到 A 的一个关系(称为 A 中的一个关系)且满足下面三条：

(1) 自反性：$(a,a)\in R$，对 $\forall a\in A$；

(2) 对称性：$(a,b)\in R\Rightarrow(b,a)\in R$；

(3) 传递性：$(a,b)\in R,(b,c)\in R\Rightarrow(a,c)\in R$；

则称 R 为 A 中的一个等价关系.

定义 1.6(商集)　设 R 是 A 中的一个等价关系，则称集合

$$[a]:=\{x:(a,x)\in R,x\in A\}$$

为 a 在关系 R 下的等价类；所有等价类所构成的集合

$$A/R:=\{[a]:a\in A\}$$

称为 A 在关系 R 下的商集.

定理 1.3　设 R 是 A 中的一个等价关系，则

(1) $a\in[a],\forall a\in A$.

(2) $[a]=[b]\Leftrightarrow(a,b)\in R$.

(3) $[a]\neq[b]\Leftrightarrow[a]\cap[b]=\varnothing$.

1.2　映射

定义 1.7(映射)　两个非空集合 X 与 Y 间存在着对应关系 f，如果对于 X 中的每一个元素 x，Y 中总有唯一确定的一个元素 y 与它对应，则称这种对应关系为从 X 到 Y 的映射，记作

$$f:A\to B.$$

定义 1.8(映射的复合)　令 $f:X\to Y,g:Y\to Z$. 记

$$g\circ f:X\to Z$$
$$a\to g(f(a)),$$

称 $g\circ f$ 为 g 与 f 的复合映射.

定义 1.9(单射,满射与双射)　设 $f: X \to Y$ 为映射.

(1) 若 X 中两个不同的元素在 f 下的像不同,则称映射 f 是单射,即

$$f(a)=f(b) \Rightarrow a=b.$$

(2) 若 Y 中任一元素都是 f 下的像,则称映射 f 是满射,即

$$b \in Y \Rightarrow \text{存在 } a \in X \text{,使得 } b=f(a).$$

(3) 若 f 既是单射又是满射,则称 f 为双射.

(4) 映射 $id: X \to X$ 定义为 $id(x)=x$,称 id 为 X 上的恒同映射(有时记为 id_X).

(5) 若 f 为双射,由 f 满射可知,任取 Y 中元素 b,存在 $a \in X$,使得 $f(a)=b$,又由 f 为单射,则 a 是唯一的,则有从 Y 到 X 的映射 $b \to a$,记为 f^{-1},**称 f^{-1} 为 f 的逆映射.**

注　若 $f: X \to Y$ 为双射,则

(ⅰ) f 存在唯一的逆映射.

(ⅱ) f^{-1} 也是双射,并且在此意义下 f 也是 f^{-1} 的逆映射,即 $(f^{-1})^{-1}=f$.

(ⅲ) $f \circ f^{-1}=id_Y$, $f^{-1} \circ f=id_X$.

(ⅳ) $f \circ id_X=f$, $id_Y \circ f=f$.

定义 1.10(像与原像)　设 $f: X \to Y$ 为映射,$A \subset X$,$B \subset Y$ 则

(1) $f(A)=\{f(x): x \in A\}$ 称为集合 A 在映射 f 下的像;

(2) $f^{-1}(B)=\{x: x \in X, f(x) \in B\}$ 称为集合 B 在映射 f 下的原像.

定理 1.4(关于逆映射的一个性质)　设映射 $f: X \to Y$ 和 $g: Y \to X$ 满足

$$g \circ f=id_X \text{ 且 } f \circ g=id_Y,$$

则 f 存在逆映射且 $g=f^{-1}$.

证明　下证 f 为双射,从而 f 存在逆映射.

(1) f 是单射.

$$\begin{aligned} f(a)=f(b) &\Rightarrow g(f(a))=g(f(b)) \\ &\Rightarrow id_X(a)=id_X(b) \\ &\Rightarrow a=b. \end{aligned}$$

(2) f 是满射.

$$Y=id_Y(Y)=f \circ g(Y) \subset f(X) \subset Y \Rightarrow f(X)=Y.$$

记 f^{-1} 为 f 的逆映射，则

$$f^{-1}=f^{-1}\circ id_Y=f^{-1}\circ(f\circ g)=(f^{-1}\circ f)\circ g=id_X\circ g=g.$$

定理 1.5（**像的性质**） 设 $f:X\to Y$ 为映射，则对于 X 中的任意子集 $A_\alpha(\alpha\in\Lambda)$，有

(1) $f(\bigcup_{\alpha\in\Lambda}A_\alpha)=\bigcup_{\alpha\in\Lambda}f(A_\alpha)$.

(2) $f(\bigcap_{\alpha\in\Lambda}A_\alpha)\subset\bigcap_{\alpha\in\Lambda}f(A_\alpha)$.

定理 1.6（**原像的性质**） 设 $f:X\to Y$ 为映射，则对于 Y 中的任意子集 $A_\alpha(\alpha\in\Lambda)$，有

(1) $f^{-1}(\bigcup_{\alpha\in\Lambda}A_\alpha)=\bigcup_{\alpha\in\Lambda}f^{-1}(A_\alpha)$.

(2) $f^{-1}(\bigcap_{\alpha\in\Lambda}A_\alpha)=\bigcap_{\alpha\in\Lambda}f^{-1}(A_\alpha)$.

定理 1.7（**像的性质**） 设 $f:X\to Y$ 为映射，则对于 X 中的任意子集 A 和 B，有

(1) $A\subset B\Rightarrow f(A)\subset f(B)$.

(2) $f(A\backslash B)\supset f(A)\backslash f(B)$.

定理 1.8（**原像的性质**） 设 $f:X\to Y$ 为映射，则对于 Y 中的任意子集 A 和 B，有

(1) $A\subset B\Rightarrow f^{-1}(A)\subset f^{-1}(B)$.

(2) $f^{-1}(A\backslash B)=f^{-1}(A)\backslash f^{-1}(B)$.

(3) $f^{-1}(A^c)=(f^{-1}(A))^c$.

定理 1.9（**像与原像的复合性质**） 设 $f:X\to Y$ 为映射，$A\subset X$ 和 $B\subset Y$，则

(1) $A\subset f^{-1}\circ f(A)$;

(2) $B\supset f\circ f^{-1}(B)$.

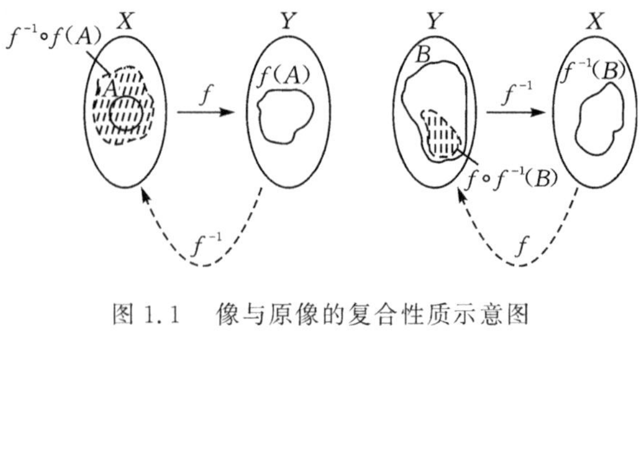

图 1.1 像与原像的复合性质示意图

1.3　集合的序

定义 1.11(偏序集)　设 $\leq$ 是集合 A 中的一个关系，如果对 $\forall a,b,c \in A$，有

(1)$a \leq a$；

(2)$a \leq b, b \leq a \Rightarrow a = b$；

(3)$a \leq b, b \leq c \Rightarrow a \leq c$；

则称 $\leq$ 为 A 上的一个偏序. 集合 A 连同偏序 $\leq$，即$(A, \leq)$称为偏序集.

定义 1.12(全序集)　如果对 $\forall a,b \in A$，必有 $a \leq b$ 或者 $b \leq a$，则称偏序集 A 为一个全序集.

定义 1.13(最大元和最小元)　设 X 为偏序集，则

(1)$a_0 \in X$ 称为 X 的最小元，如果 $a_0 \leq x, \forall x \in X$；

(2)$b_0 \in X$ 称为 X 的最大元，如果 $x \leq b_0, \forall x \in X$.

定义 1.14(极大元和极小元)　设 X 为偏序集，则

(1)$a_0 \in X$ 称为 X 的极大元，如果 $a_0 \leq x \Rightarrow x = a_0$；

(2)$b_0 \in X$ 称为 X 的极小元，如果 $x \leq b_0 \Rightarrow x = b_0$.

定义 1.15(上界和下界)　设 A 为偏序集 X 的一个子集，则

(1)$m \in X$ 称为 A 的一个下界，如果 $m \leq x, \forall x \in A$；

(2)$M \in X$ 称为 A 的一个上界，如果 $x \leq M, \forall x \in A$.

下面给出集合论的一些基本原理.

Hausdorff 极大原理　任何一个非空偏序集都有极大全序子集.

Zorn 引理　设 X 为非空偏序集，且 X 中的任一全序子集具有一个上界，则 X 中至少存在一个极大元.

选择公理　设 $\mathscr{S}$ 为一个由非空集合所组成的集合，那么，可以从每一个在 $\mathscr{S}$ 中的集合中，都选择一个元素和其所在的集合配成有序对来组成一个新的集合.

注　实际上，Hausdorff 极大原理、Zorn 引理及选择公理是彼此等价的. 详情请参见：[3].

1.4　集合的势

定义 1.16　设 A,B 为非空集合.

(1) 若存在单射 $f:A\to B$,则记 $\#(A)\leqslant\#(B)$.

(2) 若存在双射 $f:A\to B$,则记 $\#(A)=\#(B)$.

(3) 若存在满射 $f:A\to B$,则记 $\#(A)\geqslant\#(B)$.

定义 1.17　设 A,B 为非空集合.

(1) 若存在单射 $f:A\to B$,但不存在从 A 到 B 的满射,则记 $\#(A)<\#(B)$.

(2) 若存在满射 $f:A\to B$,但不存在从 A 到 B 的单射,则记 $\#(A)>\#(B)$.

注　(1) 若存在双射 $f:A\to B$,则称集合 A 等价于集合 B,记作 $A\sim B$.

(2) 对任何非空集合 X,我们规定 $\#(\varnothing)<\#(X)$ 且 $\#(X)>\#(\varnothing)$.

(3) 我们称 $\#(A)$ 为集合 A 的势.

命题 1　设 A,B 为非空集合,则

$$\#(A)\geqslant\#(B)\Leftrightarrow\#(B)\leqslant\#(A).$$

命题 2　设 A,B 为非空集合,则

$$\#(A)\leqslant\#(B)\text{ 或 }\#(A)\geqslant\#(B).$$

定义 1.18(可数集)　若 A 为有限集或者与自然数集等价,则称集合 A 为可数集.

注　(1) 若 A 为有限集,则 $\#(A)$ 解释为 A 中元素的个数,即

$$\#(A)=n\Leftrightarrow\#(A)=n=\#(\{1,2,\cdots,n\}).$$

(2) 若 A 为可数集但不是有限集,我们称其为可数无限集,记 $\#(A)=\aleph_0$.

定理 1.10(可数集的性质)

(1) 任一无限集包含一无限可数集.

(2) 可数集的任一子集为可数集.

(3) 可数个可数集的并为可数集.

证明　这里只证(3).任取可数个可数集 $\{A_n\}_{n=1}^{\infty}$.记

$$A_n=\{a_{nj}\}_{j=1}^{\infty},$$

则将 $\{a_{ij}\}_{i,j=1}^{\infty}$ 排列如下:

$$\begin{array}{ccccc} a_{11} & a_{12} & a_{13} & a_{14} & \cdots \\ a_{21} & a_{22} & a_{23} & a_{24} & \cdots \\ a_{31} & a_{32} & a_{33} & a_{34} & \cdots \\ a_{41} & a_{42} & a_{43} & a_{44} & \cdots \\ \vdots & \vdots & \vdots & \vdots & \ddots \end{array}$$

令$\{b_n\}_{n=1}^{\infty}$为$a_{11},a_{12},a_{21},a_{31},a_{22},a_{13},a_{14},a_{32},\cdots$,则

$$\{b_n\}_{n=1}^{\infty}=\bigcup_{i=1}^{\infty}A_i,$$

故$\bigcup\limits_{i=1}^{\infty}A_i$为可数集.

定理 1.11(不可数集) 闭区间$[0,1]$为不可数集.

证明 假设$[0,1]$为可数集,则记

$$[0,1]=\{x_1,x_2,\cdots,x_n,\cdots\}.$$

将$[0,1]$三等分,则其中至少有一个闭区间不含x_1,记为$[a_1,b_1]$.

再将$[a_1,b_1]$三等分,则其中至少有一个闭区间不含x_2,记为$[a_2,b_2]$.

依次下去,我们得到闭区间列$\{[a_n,b_n]\}_{n=1}^{\infty}$满足

(1)$[a_n,b_n]\supset[a_{n+1},b_{n+1}],\forall n\in\mathbf{N}_+$;

(2)$b_n-a_n=\dfrac{1}{3^n}\xrightarrow{n\to+\infty}0$;

(3)$x_1,x_2,\cdots,x_n\notin[a_n,b_n],\forall n\in\mathbf{N}_+$.

由(1)(2)及闭区间套定理知

$$\exists!\ x_0\in\bigcap_{n=1}^{\infty}[a_n,b_n]\subset[0,1]=\{x_1,x_2,\cdots,x_n,\cdots\}.$$

这与(3)相矛盾.

定理 1.12 $\mathbf{R}\sim[0,1]$.

注 通常记$\#(\mathbf{R})=c$,并称$\mathbf{R}$具有连续势.

定理 1.13 $0<1<2<3<\cdots<\aleph_0<c$.

定理 1.14(Cantor-Bernstein 定理) 设$X\supset Y\supset X_1,X\sim X_1$,则$X\sim Y$.

证明 由$X\sim X_1$知,存在双射$f:X\to X_1$.记

$$Y_1=f(Y),X_{i+1}=f(X_i),Y_{i+1}=f(Y_i),i=1,2,\cdots,$$

$$B=\bigcap_{i=1}^{\infty} Y_i.$$

则

$$X=(X\backslash Y)\bigsqcup(Y\backslash X_1)\bigsqcup(X_1\backslash Y_1)\bigsqcup(Y_1\backslash X_2)\bigsqcup\cdots\bigsqcup B,$$

$$Y=(Y\backslash X_1)\bigsqcup(X_1\backslash Y_1)\bigsqcup(Y_1\backslash X_2)\bigsqcup(X_2\backslash Y_2)\bigsqcup\cdots\bigsqcup B.$$

令

$$g(x)=\begin{cases}f(x), x\in X\backslash Y \text{ 或 } X_i\backslash Y_i, i=1,2,\cdots\\ x,\quad x\in B \text{ 或 } Y\backslash X_1 \text{ 或 } Y_i\backslash X_{i+1}, i=1,2,\cdots\end{cases}$$

则 $g: X\to Y$ 为双射,故

$$X\sim Y.$$

定理 1.15(Cantor 定理:没有势最大的集合)　对任意集合 A,有

$$\#(A)<\#(2^A).$$

证明　显然 $\#(A)\leqslant\#(2^A)$.

假设 $\#(A)=\#(2^A)$,则存在双射 $f: A\to 2^A$.

令

$$B=\{x\in A: x\notin f(x)\},$$

则由 $f: A\to 2^A$ 为双射知,存在 $x_0\in A$,使得

$$f(x_0)=B.$$

但是

(ⅰ)$x_0\in B\Rightarrow x_0\notin f(x_0)=B$,矛盾.

(ⅱ)$x_0\notin B\Rightarrow x_0\in f(x_0)=B$,矛盾.

注(连续统假设)　不存在集合 A 使得 $\aleph_0<\#(A)<c$.

1.5　R 上的通常拓扑

1.5.1　R 中的开集

定义 1.19(R 中的开集)

(1) 设 $A\subset\mathbf{R}$, $p\in A$. 若存在开区间 U_p,使得

$$p \in U_p \subset A,$$

则称 p 为 A 的内点；

(2) 若 A 中的所有点均为其内点，则称 A 为开集.

定理 1.16（R 中开集的性质）

(1) $\mathbf{R}, \varnothing$ 为 $\mathbf{R}$ 中开集.

(2) $\mathbf{R}$ 中任意多个开集的并是开集.

(3) $\mathbf{R}$ 中任意有限多个开集的交是开集.

证明　(1) 由定义，立知 $\mathbf{R}, \varnothing$ 为 $\mathbf{R}$ 中开集.

(2) 不失一般性，设 A_i 为 $\mathbf{R}$ 中非空开集，$i \in \Lambda$，则

$$\begin{aligned} p \in \bigcup_{i \in \Lambda} A_i &\Rightarrow \text{存在 } i_0 \in \Lambda, \text{使得 } p \in A_{i_0} \\ &\Rightarrow \text{存在开区间}(a,b), \text{使得 } p \in (a,b) \subset A_{i_0} \\ &\Rightarrow p \in (a,b) \subset \bigcup_{i \in \Lambda} A_i \\ &\Rightarrow p \text{ 为 } \bigcup_{i \in \Lambda} A_i \text{ 的内点.} \end{aligned}$$

再由 p 的任意性知，$\bigcup_{i \in \Lambda} A_i$ 为 $\mathbf{R}$ 中的开集.

(3) 设 $A_k(1 \leqslant k \leqslant n, n \in \mathbf{N}_+)$ 为 $\mathbf{R}$ 中的开集，则

$$\begin{aligned} p \in \bigcap_{k=1}^{n} A_k &\Rightarrow p \in A_k, 1 \leqslant k \leqslant n \\ &\Rightarrow \text{存在开区间}(a_k,b_k), \text{使得 } p \in (a_k,b_k) \subset A_k, 1 \leqslant k \leqslant n \\ &\Rightarrow p \in (\max_{1 \leqslant k \leqslant n} a_k, \min_{1 \leqslant k \leqslant n} b_k) = \bigcap_{k=1}^{n} (a_k,b_k) \subset \bigcap_{k=1}^{n} A_k \\ &\Rightarrow p \text{ 为 } \bigcap_{k=1}^{n} A_k \text{ 的内点.} \end{aligned}$$

再由 p 的任意性知，$\bigcap_{k=1}^{n} A_k$ 为 $\mathbf{R}$ 中的开集.

注[定理 1.16(3) 中的有限性条件不能去掉]　令 $A_n = (-1/n, 1/n), n \in \mathbf{N}_+$，则

$$\bigcap_{n=1}^{\infty} A_n = \{0\} \text{ 不是开集.}$$

例 2（开集）　请说明下列集合是 $\mathbf{R}$ 中的开集.

(1) $A = (a,b)$.

(2) $A = \mathbf{R}$.

(3) $A = \varnothing$.

(4)$A=(-\infty,a),(a,+\infty)$.

例 3(非开集) 请说明下列集合不是 **R** 中的开集.

(1)$B=[a,b]$;

(2)$B=(-\infty,a],[a,+\infty)$.

1.5.2 R 中的聚点

定义 1.20(R 中的聚点)

(1) 设 $A\subset\mathbf{R}$. $p\in\mathbf{R}$,若包含 p 的任意开集 G 至少包含一个 A 中不同于 p 的点,即

$$p\in G,G\text{ 为开集}\Rightarrow A\cap(G\backslash\{p\})\neq\varnothing,$$

则称 p 为 A 的一个聚点.

(2)A 中所有聚点组成的集合称为 A 的导集,记为 A'.

注

$$A\cap(G\backslash\{p\})=(A\cap G)\backslash\{p\}.$$

例 4(聚点) 求下列集合的聚点:

(1)$A=\left\{1,\frac{1}{2},\frac{1}{3},\frac{1}{4},\cdots\right\}$.

(2)$A=\mathbf{Q}$.

(3)$A=\mathbf{Z}$.

定理 1.17(Bolzano-Weierstrass) 设 A 为 **R** 中的有界无限集,则 A 至少包含一个聚点.

1.5.3 R 中的闭集

定义 1.21(闭集) 设 $A\subset\mathbf{R}$,若 A^c 为开集,则称 A 为闭集.

例 5(闭集) 请说明下列集合是 **R** 中闭集.

(1)$A=[a,b]$.

(2)$A=\mathbf{R}$.

(3)$A=\varnothing$.

定理 1.18（R 中闭集的等价描述）　$A \subset \mathbf{R}$ 为闭集 $\Leftrightarrow A' \subset A$.

证明　(1) 必要性. 由 A 为闭集，则 A^c 为开集，任取 $p \in A^c$，则存在开集 G，使得

$$p \in G \subset A^c,$$

则

$$A \cap (G \backslash \{p\}) = A \cap G = \varnothing,$$

故 p 不是 A 的聚点，即 $p \notin A'$，故

$$A^c \subset (A')^c \Rightarrow A' \subset A.$$

(2) 充分性. 任取 $p \in A^c$，由 $A' \subset A$，则 $p \notin A'$. 由导集定义，存在开集 G，使得

$$A \cap (G \backslash \{p\}) = \varnothing.$$

而 $p \notin A$，则

$$A \cap G = \varnothing \Rightarrow p \in G \subset A^c,$$

则 p 为 A^c 的内点，即 A^c 为开集，从而 A 为闭集.

注　**R** 的子集可能出现以下四种情形：

(1) 是开集不是闭集，例如 $(1,2)$.

(2) 是闭集不是开集，例如 $[1,2]$.

(3) 既不是开集也不是闭集，例如 $(1,2]$.

(4) 既是开集又是闭集，例如 $\mathbf{R}, \varnothing$.

定理 1.19　**(Heine-Borel)** 设 $A=[a,b]$ 为 **R** 中的有界闭区间，$\mathscr{G}=\{G_i : i \in I\}$ 为 A 的一个开覆盖，则存在 $\mathscr{G}$ 的有限子族 $\{G_{i_1}, G_{i_2}, \cdots, G_{i_m}\}$，使得

$$A \subset G_{i_1} \cup G_{i_2} \cup \cdots \cup G_{i_m}.$$

注　(1) 定理 1.19 中的“**闭**”不能去掉. 反例如下：

$$A=(0,1), \mathscr{G}=\left\{G_n=\left(\frac{1}{n+2}, \frac{1}{n}\right) : n \in \mathbf{N}_+\right\};$$

(2) 定理 1.19 中的“**有界**”不能去掉. 反例如下：

$$A=[2,+\infty), \mathscr{G}=\{(n, n+2) : n \in \mathbf{N}_+\}.$$

1.5.4　R 中的收敛序列

定义 1.22（收敛序列 $\boldsymbol{\varepsilon}$-N 定义）　设 $\{a_n\}_{n=1}^{\infty}$ 为实数列，$a \in \mathbf{R}$. 若对 $\forall \varepsilon > 0$，存在

$N=N(\varepsilon)\in\mathbf{N}_+$，使得当 $n>N$ 时，有

$$|a_n-a|<\varepsilon,$$

则称数列$\{a_n\}_{n=1}^{\infty}$收敛于 a，记作 $\lim\limits_{n\to+\infty}a_n=a$.

定义 1.23(收敛序列的开集定义) 设$\{a_n\}_{n=1}^{\infty}$为实数列，$a\in\mathbf{R}$. 若对于包含 a 的任意开集 G，序列$\{a_n\}_{n=1}^{\infty}$中只有有限个不属于 G，则称数列$\{a_n\}_{n=1}^{\infty}$收敛于 a，记作 $\lim\limits_{n\to+\infty}a_n=a$.

定理 1.20 $\mathbf{R}$ 中的任一有界数列必有一收敛的子数列.

定义 1.24(柯西列) 设$\{a_n\}_{n=1}^{\infty}$实数列，若对 $\forall\varepsilon>0$，存在 $N=N(\varepsilon)\in\mathbf{N}_+$，使得当 $m>n>N$ 时，有

$$|a_n-a_m|<\varepsilon,$$

则数列$\{a_n\}_{n=1}^{\infty}$称为柯西列.

定义 1.25(完备) 设 $A\subset\mathbf{R}$，如果 A 中的任一柯西序列收敛于 A 中的某一点，则称 A 完备.

定理 1.21(完备性) $\mathbf{R}$ 中的任何柯西序列都收敛，即 $\mathbf{R}$ 是完备的.

1.5.5 R 中的连续函数

定义 1.26(连续的 ε-δ 定义) 设函数 $f:\mathbf{R}\to\mathbf{R}$，$x_0\in\mathbf{R}$.

(1) 若对 $\forall\varepsilon>0$，存在 $\delta=\delta(\varepsilon)>0$，使得当 $|x-x_0|<\delta$ 时，有

$$|f(x)-f(x_0)|<\varepsilon,$$

则称函数 f 在 x_0 处连续.

(2) 如果 f 在每点都连续，则称 f 为 $\mathbf{R}$ 上的连续函数.

定义 1.27(连续的开集定义) 设函数 $f:\mathbf{R}\to\mathbf{R}$.

(1) 设 $p\in\mathbf{R}$. 若对包含 $f(p)$ 的任何开集 $V_{f(p)}$，存在包含 p 的开集 U_p，使得

$$f(U_p)\subset V_{f(p)},$$

则称函数 f 在 $p\in\mathbf{R}$ 处连续.

(2) 如果 f 在每点都连续，则称 f 为 $\mathbf{R}$ 上的连续函数.

定理 1.22(连续函数的一个等价描述) $f:\mathbf{R}\to\mathbf{R}$ 为连续函数 $\Leftrightarrow$ 任何开集在 f 下的原像是开集.

定理 1.23(介值定理)　设函数 $f:\mathbf{R}\to\mathbf{R}$ 在闭区间 $[a,b]$ 上连续，则 $f([a,b])$ 包含所有介于 $f(a)$ 和 $f(b)$ 之间的值.

定理 1.24(最值定理)　设函数 $f:\mathbf{R}\to\mathbf{R}$ 在闭区间 $[a,b]$ 上连续，则存在 x_1，$x_2\in[a,b]$，使得

$$f(x_1)=\sup_{x\in[a,b]}f(x),\ f(x_2)=\inf_{x\in[a,b]}f(x).$$

1.6　$\mathbf{R}^n(n\geqslant 2)$ 上的通常拓扑

完全类似于 $\mathbf{R}$，我们可以给出高维欧氏空间 $\mathbf{R}^n$ 中的开集、聚点、闭集等概念，并得到相对应的性质.

定义 1.28($\mathbf{R}^n$ 中的开集)

(1) 开球 $B(x,\delta)\subset\mathbf{R}^n$ 定义为

$$B(x,\delta):=\left\{y\in\mathbf{R}^n:\sqrt{\sum_{i=1}^{n}(y_i-x_i)^2}<\delta\right\},$$

其中 $x=(x_1,x_2,\cdots,x_n)\in\mathbf{R}^n$，$\delta>0$. 在不产生歧义时，简记为 B_x.

(2) 设 $A\subset\mathbf{R}^n$，$p\in A$. 若存在开球 B_p，使得

$$p\in B_p\subset A,$$

则称 p 为 A 的一个内点.

(3) 若 A 中的所有点为 A 的内点，则称 A 为 $\mathbf{R}^n$ 中的开集.

例 6(开集)　请说明下列集合为 $\mathbf{R}^n$ 中的开集.

(1) $A=B(x,\delta)$.

(2) $A=\mathbf{R}^n$.

(3) $A=\varnothing$.

(4) $A=B(p,\delta_1)\cap B(q,\delta_2)$.

定义 1.29($\mathbf{R}^n$ 中的聚点)

(1) 设 $A\subset\mathbf{R}^n$，$p\in\mathbf{R}^n$. 若包含 p 的任意开集 G 至少包含一个 A 中不同于 p 的点，即

$$p\in G,G\text{ 为开集}\Rightarrow A\cap(G\backslash\{p\})\neq\varnothing,$$

则称 p 为 A 的一个聚点；

(2)A 中所有聚点组成的集合称为 A 的导集，记为 A'.

定义 1.30（$\mathbf{R}^n$ 中的闭集） 设 $A\subset\mathbf{R}^n$，若 A^c 为开集，则称 A 为闭集.

定理 1.25 $\mathbf{R}^n$ 中任意多个开集的并是开集.

定理 1.26 $\mathbf{R}^n$ 中任意有限多个开集的交是开集.

定理 1.27 $A\subset\mathbf{R}^n$ 为闭集 $\Leftrightarrow A'\subset A$.

定理 1.28 $f:\mathbf{R}^n\to\mathbf{R}$ 为连续函数 $\Leftrightarrow$ 任何开集在 f 下的原像是开集.

以上定理的证明留作习题.

习题 1

1. 请证明定理 1.9.
2. 请补充完成第 5 节中的所有定理的证明.
3. 请补充完成第 6 节中的所有定理的证明.

第 2 章　拓扑空间

2.1　拓扑空间的定义及例子

定义 2.1(拓扑空间)　设 X 为非空集合. 如果 X 的子集族 $\mathscr{T}$ 满足：

(1) $X \in \mathscr{T}, \varnothing \in \mathscr{T}$;

(2) $\mathscr{T}$ 中任意多个集合的并属于 $\mathscr{T}$;

(3) $\mathscr{T}$ 中任意有限多个集合的交属于 $\mathscr{T}$;

则称 $\mathscr{T}$ 为 X 上的一个拓扑，$\mathscr{T}$ 中的元素称为 $\mathscr{T}$-开集，或简称开集，称 $(X,\mathscr{T})$ 为一个拓扑空间.

例 1(拓扑空间)　请验证下列集族是相应空间上的拓扑.

(1) $\mathscr{U}=\{\mathbf{R}^n$ 中通常的开集$\}$ 是 $\mathbf{R}^n$ 上的拓扑，称为 n 维欧氏拓扑；

(2) 设 X 为非空集合，X 的子集族 $\mathscr{D}=2^X$ 是 X 上的一个拓扑，称为 X 上的离散拓扑；

(3) 设 X 为非空集合，X 的子集族 $\mathscr{I}=\{\varnothing, X\}$ 是 X 上的一个拓扑，称为 X 上的平庸拓扑.

例 2(余有限拓扑)　设 X 为非空集合. 令

$$\mathscr{T}_f=\{A : A\subset X, \#(A^c)<\aleph_0\}\cup\{\varnothing\},$$

则 $\mathscr{T}_f$ 为 X 上的拓扑，称为 X 上的余有限拓扑：

证明　(1) 显然，$\varnothing\in\mathscr{T}_f$. 再由 $\#(X^c)=\#(\varnothing)<\aleph_0$ 知，$X\in\mathscr{T}_f$.

(2) 任取 $\{A_\gamma\}_{\gamma\in\Gamma}\subset\mathscr{T}_f$. 不失一般性，设 $A_\gamma\neq\varnothing$，则 A_γ^c 为有限集，从而

$$(\bigcup_{\gamma\in\Gamma}A_\gamma)^c=\bigcap_{\gamma\in\Gamma}A_\gamma^c \text{ 为有限集.}$$

故

$$\bigcup_{\gamma\in\Gamma}A_\gamma\in\mathscr{T}_f;$$

(3) 任取 $\{A_i\}_{i=1}^n\subset\mathscr{T}_f$. 不失一般性，设 $A_i\neq\varnothing$，则 A_i^c 为有限集，从而

$$(\bigcap_{i=1}^{n} A_i)^c = \bigcup_{i=1}^{n} A_i^c \text{ 为有限集.}$$

故

$$\bigcap_{i=1}^{n} A_i \in \mathscr{T}_f.$$

综上，$\mathscr{T}_f$ 为 X 上的拓扑.

例 3(**余可数拓扑**)　设 X 为非空集合.令

$$\mathscr{T}_c = \{A : A \subset X, \#(A^c) \leqslant \aleph_0\} \cup \{\varnothing\},$$

则 $\mathscr{T}_c$ 为 X 上的拓扑，称为 X 上的余可数拓扑.

证明

(1) 显然，$\varnothing \in \mathscr{T}_c$.再由 $\#(X^c) = \#(\varnothing) \leqslant \aleph_0$ 知，$X \in \mathscr{T}_c$.

(2) 任取 $\{A_\gamma\}_{\gamma\in\Gamma} \subset \mathscr{T}_c$.不失一般性，设 $A_\gamma \neq \varnothing$，则 A_γ^c 可数集.从而

$$(\bigcup_{\gamma\in\Gamma} A_\gamma)^c = \bigcap_{\gamma\in\Gamma} A_\gamma^c \text{ 为可数集.}$$

故

$$\bigcup_{\gamma\in\Gamma} A_\gamma \in \mathscr{T}_c;$$

(3) 任取 $\{A_i\}_{i=1}^n \subset \mathscr{T}_c$.不失一般性，设 $A_i \neq \varnothing$，则 A_i^c 为可数集，从而

$$(\bigcap_{i=1}^{n} A_i)^c = \bigcup_{i=1}^{n} A_i^c \text{ 为可数集.}$$

故

$$\bigcap_{i=1}^{n} A_i \in \mathscr{T}_c.$$

综上，$\mathscr{T}_c$ 为 X 上的拓扑.

注　(1) 若 X 为有限集，则 $\mathscr{T}_f$，$\mathscr{T}_c$ 为离散拓扑；若 A 为可数集，则 $\mathscr{T}_c$ 为离散拓扑.

(2) 同一集合上可以赋予不同的拓扑.

定理 2.1(**拓扑的交仍然是拓扑**)　非空集合 X 上任意多个拓扑的交仍然是 X 上的拓扑，即

$$\mathscr{T}_\alpha \text{ 是 } X \text{ 上的拓扑}, \alpha \in \Lambda \Rightarrow \bigcap_{\alpha\in\Lambda} \mathscr{T}_\alpha \text{ 也是 } X \text{ 上的拓扑.}$$

证明　(1) 由 $X, \varnothing \in \mathscr{T}_\alpha$，对 $\forall \alpha \in \Lambda$ 知 $X, \varnothing \in \bigcap_{\alpha\in\Lambda} \mathscr{T}_\alpha$.

(2)
$$\begin{aligned} A_\gamma \in \bigcap_{\alpha\in\Lambda} \mathscr{T}_\alpha, \forall \gamma \in \Gamma &\Rightarrow A_\gamma \in \mathscr{T}_\alpha, \forall \gamma \in \Gamma, \forall \alpha \in \Lambda \\ &\Rightarrow \bigcup_{\gamma\in\Gamma} A_\gamma \in \mathscr{T}_\alpha, \forall \alpha \in \Lambda \\ &\Rightarrow \bigcup_{\gamma\in\Gamma} A_\gamma \in \bigcap_{\alpha\in\Lambda} \mathscr{T}_\alpha. \end{aligned}$$

(3)
$$\begin{aligned} A_i \in \bigcap_{\alpha\in\Lambda} \mathscr{T}_\alpha, \forall 1 \leqslant i \leqslant n &\Rightarrow A_\gamma \in \mathscr{T}_\alpha, \forall 1 \leqslant i \leqslant n, \forall \alpha \in \Lambda \\ &\Rightarrow \bigcap_{i=1}^{n} A_i \in \mathscr{T}_\alpha, \forall \alpha \in \Lambda \end{aligned}$$

$$\Rightarrow \bigcap_{i=1}^{n} A_i \in \bigcap_{\alpha\in\Lambda} \mathscr{T}_\alpha.$$

综上，$\bigcap\limits_{\alpha\in\Lambda} \mathscr{T}_i$ 为 X 上的拓扑.

例 4(拓扑的并不一定是拓扑)　设 $X=\{a,b,c\}$，令

$$\mathscr{T}_1=\{X,\varnothing,\{a\}\},\mathscr{T}_2=\{X,\varnothing,\{b\}\},$$

则 $\mathscr{T}_1,\mathscr{T}_2$ 均为 X 上的拓扑，但 $\mathscr{T}_1\cup\mathscr{T}_2=\{X,\varnothing,\{a\},\{b\}\}$ 不是 X 上的拓扑.

2.2　拓扑空间中的聚点

定义 2.2(聚点)　(1) 设 X 为拓扑空间，$A\subset X$，$p\in X$. 若对包含 p 的任意开集 G 至少包含一个 A 中不同于 p 的点，即

$$p\in G,G\text{ 为开集}\Rightarrow A\cap(G\backslash\{p\})\neq\varnothing.$$

则称 p 为 A 的一个聚点.

(2) A 中所有聚点组成的集合称为 A 的导集，记为 A'.

注　由聚点定义立即可得：若 $A\cap G=\varnothing$ 且 G 为开集，则

$$A'\cap G=\varnothing.$$

定理 2.2(导集的性质)　设 A,B 为拓扑空间 X 的子集，则

(1) 若 $A\subset B$，则 $A'\subset B'$.

(2) $(A\cup B)'=A'\cup B'$.

证明　(1) 显然 $A'\subset B'\Leftrightarrow(B')^c\subset(A')^c$. 下证：

$$(B')^c\subset(A')^c.$$

实际上，

$$\begin{aligned}p\notin B'\Rightarrow&\text{ 存在包含 } p \text{ 的开集 } G\text{，使得}\\&\qquad(B\cap G)\backslash\{p\}=\varnothing\\&\Rightarrow(A\cap G)\backslash\{p\}=\varnothing(\text{因为 } A\subset B)\\&\Rightarrow p\notin A'.\end{aligned}$$

(2) 显然

$$(A\cup B)'=A'\cup B'\Leftrightarrow A'\cup B'\subset(A\cup B)'\text{ 且 }(A\cup B)'\subset A'\cup B'.$$

(i) 先证 $A'\cup B'\subset(A\cup B)'$.

$$A\subset A\cup B,B\subset A\cup B\Rightarrow A'\subset(A\cup B)'\text{ 且 }B'\subset(A\cup B)'$$

$$\Rightarrow A' \cup B' \subset (A \cup B)'.$$

（ⅱ）再证$(A \cup B)' \subset A' \cup B'$.事实上，

$$\begin{aligned} p \notin A' \cup B' &\Rightarrow p \notin A' \text{ 且 } p \notin B' \\ &\Rightarrow \text{存在包含 } p \text{ 的开集 } G_1, G_2, \text{使得} \\ &\qquad (A \cap G_1)\backslash\{p\} = \varnothing \text{ 且 } (B \cap G_2)\backslash\{p\} = \varnothing \\ &\Rightarrow \text{存在包含 } p \text{ 的开集 } G = G_1 \cap G_2, \text{使得} \\ &\qquad (A \cup B) \cap G\backslash\{p\} = \varnothing \\ &\Rightarrow p \notin (A \cup B)'. \end{aligned}$$

例 5（聚点）　$A \subset X$，$\mathscr{T} = \{X, \varnothing\}$，求$A'$.

解　若$\#(A) = 0$，则$A = \varnothing$，从而$A' = \varnothing$.

若$\#(A) = 1$，记$A = \{p\}$，则由$A \cap (X\backslash\{p\}) = \varnothing$知，$p \notin A'$；对$\forall q (\neq p) \in X$，由$A \cap (X\backslash\{q\}) = \{p\}$知$q \in A'$.

因此，$A' = \{p\}^c$.

若$\#(A) \geqslant 2$，则存在$p, q \in A$且$p \neq q$.于是，对$\forall r \in X$，$X\backslash\{r\}$至少包含p, q中一点，从而

$$A \cap (X\backslash\{r\}) \neq \varnothing.$$

因此，$r \in A'$.再由r的任意性知

$$A' = X.$$

例 6（余可数拓扑的聚点）　X为不可数集，A为X的非空子集.求A在$(X, \mathscr{T}_c)$中的聚点.

证明　若A为不可数子集，任取$p \in X$，任取包含p的开集G，则G^c为可数集.由A为不可数集，则$G \cap A\backslash\{p\} \neq \varnothing$，则

$$p \in A',$$

则$A' = X$.

若A为可数子集，任取$p \in X$，考虑开集$A^c \cup \{p\}$，则$p \in A^c \cup \{p\}$.然而$(A^c \cup \{p\}) \cap A\backslash\{p\} = \varnothing$.则$A' = \varnothing$.

2.3　拓扑空间中的闭集

定义 2.3（闭集）　设X为拓扑空间，$A \subset X$，若A^c为开集，则称A为闭集.

例 7(闭集)　设 X 为非空集合. 求下列拓扑空间中所有闭集构成的集族.

(1) 求平庸拓扑空间$(X,\mathscr{I})$中的闭集.

(2) 求离散拓扑空间$(X,\mathscr{D})$中的闭集.

(3) 求余可数拓扑空间$(X,\mathscr{T}_c)$中的闭集.

(4) 求余有限拓扑空间$(X,\mathscr{T}_f)$中的闭集.

定理 2.3(闭集的性质)　拓扑空间 X 中的闭集有以下性质:

(1)$X,\varnothing$ 是闭集.

(2) 任意多个闭集的交是闭集.

(3) 任意有限多个闭集的并是闭集.

定理 2.4(闭集的另外一种描述)　设 X 为拓扑空间,A 为 X 中的子集,则

$$A \text{ 为闭集} \Leftrightarrow A' \subset A.$$

定义 2.4(闭包)　设 X 为拓扑空间,$A \subset X$. 则定义 A 的闭包为

$$\overline{A} := \bigcap_{A\subset F,\, F\text{为闭集}} F.$$

注　由闭包的定义立即可得:A 的闭包是包含 A 的最小的闭集.

定理 2.5(闭包的性质 Ⅰ)　设 X 为拓扑空间,$A \subset X$,$B \subset X$,则

(1)A 是闭集 $\Leftrightarrow A=\overline{A}$.

(2) 若 $A \subset B$,则$\overline{A} \subset \overline{B}$.

定理 2.6(闭包的性质 Ⅱ)　设 X 为拓扑空间,$A \subset X$,则

$$\overline{A}=A \cup A'.$$

证明　(1) 先证$\overline{A} \subset A \cup A'$. 由闭包的定义,只需证 $A \cup A'$ 为闭集,即证$(A \cup A')^c$ 为开集.

$$\begin{aligned}
p \notin A \cup A' &\Rightarrow p \notin A \text{ 且 } p \notin A' \\
&\Rightarrow p \notin A \text{ 且存在包含 } p \text{ 的开集 } G_p\text{,使得} \\
&\qquad (A \cap G_p)\backslash\{p\}=\varnothing \\
&\Rightarrow \text{存在包含 } p \text{ 的开集 } G_p\text{,使得} \\
&\qquad A \cap G_p=\varnothing \\
&\Rightarrow \text{存在包含 } p \text{ 的开集 } G_p\text{,使得} \\
&\qquad A \cap G_p=\varnothing \text{ 且 } A' \cap G=\varnothing \\
&\Rightarrow \text{存在包含 } p \text{ 的开集 } G_p\text{,使得} \\
&\qquad p \in G_p \subset (A \cup A')^c.
\end{aligned}$$

因此，

$$(A \cup A')^c = \bigcup_{p \notin A \cup A'} G_p \text{ 为开集}.$$

(2) 再证 $A \cup A' \subset \overline{A}$，即证$(\overline{A})^c \subset (A \cup A')^c$. 事实上，

$$p \notin \overline{A} \Rightarrow \text{开集 } G = (\overline{A})^c \text{ 满足}$$

$$p \in G \text{ 且 } A \cap G = \varnothing$$

$$\Rightarrow p \notin A \cup A'.$$

综合(1)(2) 得，

$$\overline{A} = A \cup A'.$$

定理 2.7(闭包的性质 Ⅲ) 设 X 为拓扑空间，$A \subset X$，$B \subset X$，则

$$\overline{A \cup B} = \overline{A} \cup \overline{B}.$$

证明 由定理 2.6 得

$$\begin{aligned}\overline{A \cup B} &= (A \cup B) \cup (A \cup B)' \\ &= (A \cup B) \cup (A' \cup B') \\ &= (A \cup A') \cup (B \cup B') \\ &= \overline{A} \cup \overline{B}.\end{aligned}$$

例 8(闭包)

(1) $(a,b) \subset (a,b] \subset (\mathbf{R}, \mathscr{U}) \Rightarrow \overline{(a,b)} = \overline{(a,b]} = [a,b]$.

(2) $B(x,r) = \{y \in \mathbf{R}^n : |y - x| < r\} \subset (\mathbf{R}^n, \mathscr{U}) \Rightarrow \overline{B(x,r)} = \{y \in \mathbf{R}^n : |y - x| \leqslant r\}$.

(3) X 为不可数集，A 为 X 的不可数子集，则在$(X, \mathscr{T}_c)$ 下，$\overline{A} = X$.

(4) $A = \left\{1, \frac{1}{2}, \frac{1}{3}, \cdots, \frac{1}{n}, \cdots\right\} \subset (R, \mathscr{U})$，则$\overline{A} = A \cup \{0\}$. 实际上，$A' = \{0\}$.

2.4 内部，外部，边界

定义 2.5(内部，外部和边界) 设 X 为拓扑空间，$A \subset X$.

(1) 若 $p \in A$ 且存在开集 U_p，使得

$$p \in U_p \subset A,$$

则称 p 为 A 的一个内点.

(2) A 中所有内点组成的集合称为 A 的内部，记为 $int(A)$ 或者 A°.

(3)A^c 的内部称为 A 的外部,记为 $ext(A)$.

(4)A 的内部和外部以外的点组成的集合称为 A 的边界,记为 $b(A)$.

注　(1) 显然有

$$X=int(A)\cup b(A)\cup ext(A),$$

且 $int(A)$,$b(A)$,$ext(A)$ 两两不交.

(2) 若 $p\in b(A)$,则对包含 p 的任何开集 G 有

$$G\cap int(A)\neq\varnothing \text{ 且 } G\cap ext(A)\neq\varnothing.$$

定理 2.8(内部的等价定义)　设 X 为拓扑空间,$A\subset X$,则

$$A^\circ=\bigcup_{U\subset A,U\text{为开集}}U.$$

证明　记 $\mathscr{R}=\{U\subset A,U \text{ 为开集}\}$.

(1) 先证 $A^\circ\subset\bigcup_{U\in\mathscr{R}}U$. 事实上,

$$p\in A^\circ\Rightarrow \text{存在开集 } U_p\text{,使得 } p\in U_p\subset A$$
$$\Rightarrow p\in\bigcup_{U\in\mathscr{R}}U.$$

(2) 再证 $\bigcup_{U\in\mathscr{R}}U\subset A^\circ$. 事实上,

$$p\in\bigcup_{U\in\mathscr{R}}U\Rightarrow \text{存在开集 } U\text{,使得 } p\in U\subset A$$
$$\Rightarrow p\in U\subset A^\circ.$$

综上,有

$$A^\circ=\bigcup_{U\in\mathscr{R}}U.$$

注　A° 是包含于 A 的最大的开集.

定理 2.9(内部的性质)　设 X 为拓扑空间,$A\subset X$,$B\subset X$.

(1)A 是开集 $\Leftrightarrow A=A^\circ$.

(2) 若 $A\subset B$,则 $A^\circ\subset B^\circ$.

证明留作练习.

定理 2.10(闭包,内部及边界的关系)　设 X 为拓扑空间,$A\subset X$,则

$$\overline{A}=A^\circ\cup b(A).$$

证明　只需证明 $(\overline{A})^c=ext(A)$. 记 $\mathscr{F}=\{A\subset F: F \text{ 为闭集}\}$,由闭包定义,即证

$$\bigcup_{F\in\mathscr{F}}F^c=ext(A)=(A^c)^\circ.$$

由于

$$\mathscr{R}=\{F^c\subset A^c: F\in\mathscr{F}\}=\{U\subset A^c: U \text{ 为开集}\},$$

由定理 2.8 得，

$$\bigcup_{F\in\mathscr{F}} F^c = \bigcup_{U\in\mathscr{R}} U = (A^c)^\circ = ext(A).$$

例 9（内部，外部和边界的例子） 考虑拓扑空间（$\mathbf{R}^2$，$\mathscr{U}$）.

（1）若 $A=\{x : |x|<1\}$，$B=\{x : |x|\leqslant 1\}$，则

$$A^\circ = B^\circ = \{x : |x|<1\},$$

$$ext(A)=ext(B)=\{x : |x|>1\},$$

$$b(A)=b(B)=\{x : |x|=1\}.$$

（2）若 $A=\mathbf{R}\times(a,b]$，$B=\mathbf{R}\times[a,b)$，则

$$A^\circ = B^\circ = \mathbf{R}\times(a,b),$$

$$ext(A)=ext(B)=\mathbf{R}\times((-\infty,a)\cup(b,+\infty)),$$

$$b(A)=b(B)=\mathbf{R}\times\{a,b\}.$$

（3）若 $A=Q\times Q$，则

$$A^\circ = ext(A)=\varnothing, b(A)=\mathbf{R}^2.$$

2.5 邻域和邻域系

定义 2.6（邻域和邻域系） 设 X 为拓扑空间，$p\in X$.

（1）$N\subset X$，若存在开集 G，使得

$$p\in G\subset N,$$

则称 N 为 p 的一个邻域.

（2）p 中所有邻域组成的集合称为 p 的邻域系，记为 $\mathscr{N}_p$.

定理 2.11（邻域系的性质） 设 X 为拓扑空间，$p\in X$，$\mathscr{N}_p$ 为 p 的邻域系.

（1）$\mathscr{N}_p\neq\varnothing$，且 $p\in N$，$\forall N\in\mathscr{N}_p$.

（2）$N_1\in\mathscr{N}_p$，$N_2\in\mathscr{N}_p\Rightarrow N_1\cap N_2\in\mathscr{N}_p$.

（3）$N_1\in\mathscr{N}_p$，$N_1\subset N_2\Rightarrow N_2\in\mathscr{N}_p$.

（4）$N\in\mathscr{N}_p\Rightarrow$ 存在 $G\in\mathscr{N}_p$，使得 $G\in\mathscr{N}_g$，$\forall g\in N$.

按照定义验证即可，其证明留作练习.

2.6 收敛序列

定义 2.7(收敛序列) 设 X 为拓扑空间,$a \in X$. 对于包含 a 的任意开集 G,序列 $\{a_n\}_{n=1}^{\infty} \subset X$ 中只有有限个不属于 G,则称 a 为序列 $\{a_n\}_{n=1}^{\infty}$ 的极限,也称 $\{a_n\}_{n=1}^{\infty}$ 收敛于 a. 记作

$$\lim_{n\to+\infty} a_n = a \text{ 或 } a_n \xrightarrow{n\to+\infty} a.$$

注 (1) 在一般拓扑空间当中,序列的极限不一定唯一.

(2) 任何拓扑空间中的常数列必收敛.

例 10 请考察下列拓扑空间中的序列的敛散性.

(1) 平庸拓扑空间$(X,\mathscr{I})$.

(2) 离散拓扑空间$(X,\mathscr{D})$.

(3) 余可数拓扑空间$(X,\mathscr{T}_c)$,其中 X 为不可数集.

解 (1) 任取$(X,\mathscr{I})$中的序列$\{a_n\}_{n=1}^{\infty}$,则对 $\forall a \in X$,包含 a 的开集只有 X,且 $\{a_n\}_{n=1}^{\infty}$ 全在 X 中. 故由定义知,

$$\lim_{n\to+\infty} a_n = a.$$

即平庸拓扑空间$(X,\mathscr{I})$中的任何序列均收敛,且收敛于该空间中的任何一点.

(2) 任取$(X,\mathscr{D})$中的序列$\{a_n\}_{n=1}^{\infty}$. 若 $a_n \xrightarrow{n\to+\infty} a$,则对包含 a 的开集 $G=\{a\}$,序列$\{a_n\}_{n=1}^{\infty}$ 中只有有限项不属于 G,即

$$\text{存在 } N \in \mathbf{N}_+ \text{,使得当 } n \geqslant N \text{ 时,} a_n = a.$$

这显然也是一个充分条件.

(3) 任取$(X,\mathscr{T}_c)$中的序列$\{a_n\}_{n=1}^{\infty}$. 若 $a_n \xrightarrow{n\to+\infty} a$,则对包含 a 的开集

$$G = \left(\bigcup_{n=1}^{\infty}\{a_n\}\right)^c \cup \{a\},$$

序列$\{a_n\}_{n=1}^{\infty}$ 中只有有限项不属于 G,即

$$\text{存在 } N \in \mathbf{N}_+ \text{,使得当 } n \geqslant N \text{ 时,} a_n = a.$$

这显然也是一个充分条件.

2.7 子空间,相对拓扑

定义 2.8(子空间,相对拓扑的定义) 设$(X,\mathscr{T})$为拓扑空间,$\varnothing \neq A \subset X$,则

$$\mathscr{T}_A=\{G \cap A : G \in \mathscr{T}\}$$

是 A 上的一个拓扑,称为 A 上的相对拓扑.拓扑空间$(A,\mathscr{T}_A)$称为$(X,\mathscr{T})$的子空间.

例 11(子空间,相对拓扑)

(1)$(X,\mathscr{T})=(\mathbf{R},\mathscr{U})$,$A=(0,2]$.

(2)X 为不可数集,$(X,\mathscr{T}_c)$,A 为 X 可数子集.

习题 2

1. 设$(X,\mathscr{T})$为拓扑空间,其中

$$\mathscr{T}=\{X,\varnothing,A,B\},$$

这里 A,B 为 X 的不同非空真子集.请问:A 与 B 有什么关系?

2. 设 X,Y 为非空集合,$f:X \to Y$ 为映射,$\mathscr{T}^*$ 为 Y 上的一个拓扑.定义

$$\mathscr{T}=\{f^{-1}(G) : G \in \mathscr{T}^*\}.$$

证明:$\mathscr{T}$ 是 X 上的一个拓扑.

3. 令

$$\mathscr{T}=\{(a,+\infty) : a \in \mathbf{R}\} \cup \{\mathbf{R},\varnothing\}.$$

证明:$\mathscr{T}$ 是 $\mathbf{R}$ 上的一个拓扑.

4. 设

$$\mathscr{T}=\{E_n=\{n,n+1,n+2,\cdots\} : n \in \mathbf{N}_+\} \cup \{\varnothing\}$$

(1) 证明 $\mathscr{T}$ 是 $\mathbf{N}_+$ 上的拓扑.

(2) 写出$(\mathbf{N}_+,\mathscr{T})$中的所有闭集.

5. 设$(X,\mathscr{T})$为拓扑空间,$a \notin X$.令

$$X^*=X \cup \{a\},\mathscr{T}^*=\mathscr{T} \cup \{X^*\}.$$

证明:$\mathscr{T}^*$ 是 X^* 上的一个拓扑.

6. 设$(X,\mathscr{T})$为拓扑空间,$a \notin X$.令

$$X^* = X \cup \{a\}, \mathscr{T}^* = \{\{a\} \cup U : U \in \mathscr{T}\} \cup \{\varnothing\}.$$

请问：$\mathscr{T}^*$ 是 X^* 上的拓扑吗？请说明理由.

7. 设 X 为非空集合，

$$\mathscr{T} = \{A : A \subset X, \#(A^c) < \aleph_0\} \cup \{\varnothing\}.$$

证明：$\mathscr{T}$ 是 X 上的一个拓扑. 该拓扑称为 X 上的余有限拓扑.

8. 设 X 为非空集合，

$$\mathscr{T} = \{A : A \subset X, \#(A^c) \leqslant \aleph_0\} \cup \{\varnothing\}.$$

证明：$\mathscr{T}$ 是 X 上的一个拓扑. 该拓扑称为 X 上的余可数拓扑.

9. 设 X 为非空集合，$\mathscr{T}_\gamma (\gamma \in \Gamma)$ 为 X 上的一族拓扑. 证明：$\bigcap_{\gamma \in \Gamma} \mathscr{T}_\gamma$ 也是 X 上的一个拓扑.

10. 设 X 为非空集合，$\mathscr{T}_1, \mathscr{T}_2$ 为 X 上的两个不同拓扑. 请问：$\mathscr{T}_1 \cup \mathscr{T}_2$ 一定也是 X 上的一个拓扑吗？请说明理由.

11. 设 $X = \{a, b, c\}$. 请写出 X 上的所有拓扑.

12. 设 $X = \{a, b, c, d, e\}$，下面哪个子集族是 X 上的拓扑？

(1) $\mathscr{T}_1 = \{X, \varnothing, \{a\}, \{c, d\}, \{a, c, d\}, \{b, c, d, e\}\}$.

(2) $\mathscr{T}_2 = \{X, \varnothing, \{a\}, \{c, d\}, \{a, c, d\}, \{b, c, d\}\}$.

(3) $\mathscr{T}_3 = \{X, \varnothing, \{a\}, \{c, d\}, \{a, c, d\}, \{a, b, d, e\}\}$.

13. 设 $(X, \mathscr{T})$ 为拓扑空间，$A \subset X$. 证明：A 为闭集 $\Leftrightarrow A' \subset A$.

14. 设 $(X, \mathscr{T})$ 为拓扑空间，$A \subset X, B \subset X$ 且 $A' \subset B \subset A$. 证明：B 是闭集.

15. 设 $(X, \mathscr{T})$ 为拓扑空间，$A \subset X, B \subset X$. 证明：

(1) $A' \cup B' = (A \cup B)'$.

(2) $\overline{A} \cup \overline{B} = \overline{A \cup B}$.

(3) $\overline{A \cap B} \subset \overline{A} \cap \overline{B}$，并举例说明等号可能不成立.

(4) $b(A \cup B) \subset b(A) \cup b(B)$，并举例说明等号可能不成立.

(5) $b(A \cup B) = b(A) \cup b(B)$，若 $\overline{A} \cap \overline{B} = \varnothing$.

(6) $A^\circ \cap B^\circ = (A \cap B)^\circ$.

(7) $A^\circ \cup B^\circ \subset (A \cup B)^\circ$. 举例说明等号可能不成立.

16. 设 X 是一个拓扑空间，$\{A_\gamma\}_{\gamma \in \Gamma}$ 是 X 中的一个任意子集族，其中指标集 Γ 非空.

(1) 证明：$\bigcup_{\gamma \in \Gamma} \overline{A_\gamma} \subset \overline{\bigcup_{\gamma \in \Gamma} A_\gamma}$，并举例说明等号未必成立.

(2) 证明：若 $\bigcup_{\gamma\in\Gamma}\overline{A_\gamma}$ 为闭集，则 $\bigcup_{\gamma\in\Gamma}\overline{A_\gamma}=\overline{\bigcup_{\gamma\in\Gamma}A_\gamma}$.

(3) 证明：$\bigcap_{\gamma\in\Gamma}\overline{A_\gamma}\supset\overline{\bigcap_{\gamma\in\Gamma}A_\gamma}$，并举例说明等号未必成立.

17. 设 $(X,\mathscr{T})$ 为拓扑空间. 证明：

(1) $G\in\mathscr{T}\Leftrightarrow$ 对 $\forall A\subset X$，有 $\overline{G\cap\overline{A}}=\overline{G\cap A}$.

(2) 若 $A\subset X$，$B\subset X$，则 $\overline{A}-\overline{B}\subset\overline{A-B}$.

18. 设 $(X,\mathscr{T})$ 是拓扑空间，$A\subset X$. 证明：若对 $\forall p\in A$，单点集 $\{p\}$ 的导集是闭集，则 A 的导集是闭集.

19. 设 $(X,\mathscr{T})$ 是拓扑空间，$\{A_\gamma\}_{\gamma\in\Gamma}$ 是 X 的一个子集族. 证明：若对 $\forall\gamma\in\Gamma$，A_γ 的导集是闭集，则集合 $A=\bigcup_{\gamma\in\Gamma}A_\gamma$ 的导集是闭集.

20. 设 $\mathscr{T}_1$，$\mathscr{T}_2$ 是非空集合 X 上的两个拓扑. 如果 $\mathscr{T}_1\subset\mathscr{T}_2$，则称拓扑 $\mathscr{T}_1$ 比拓扑 $\mathscr{T}_2$ 小，记作 $\mathscr{T}_1\leq\mathscr{T}_2$.

考虑 $(\mathbf{R},\mathscr{U})$ 与 $(\mathbf{R},\mathscr{T}_c)$，请比较 $\mathscr{U}$ 与 $\mathscr{T}_c$.

第 3 章　基与子基

3.1　拓扑基

定义 3.1(拓扑基)　设$(X,\mathscr{T})$为拓扑空间. 如果$\mathscr{B}\subset\mathscr{T}$满足

$$G\in\mathscr{T}\Rightarrow \text{存在 } B_\alpha\in\mathscr{B},\alpha\in\Lambda,\text{使得 } G=\bigcup_{\alpha\in\Lambda}B_\alpha,$$

则称$\mathscr{B}$为拓扑$\mathscr{T}$的一个基.

定理 3.1(拓扑基)　设$(X,\mathscr{T})$为拓扑空间. $\mathscr{B}\subset\mathscr{T}$为拓扑$\mathscr{T}$的一个基当且仅当

$$p\in G,G\text{ 为开集}\Rightarrow\text{存在 } B\in\mathscr{B},\text{使得 } p\in B\subset G.$$

注　定理 3.1 也可以作为拓扑基的定义.

例 1　(1) 在拓扑空间$(\mathbf{R},\mathscr{U})$上,

$$\mathscr{B}=\{(a,b):a,b\in\mathbf{R},a<b\}$$

为$\mathscr{U}$的一个拓扑基.

(2) 在拓扑空间$(\mathbf{R}^n,\mathscr{U})$上,

$$\mathscr{B}_1=\{B(x,r):x\in\mathbf{R}^n,r>0\},$$

$$\mathscr{B}_2=\left\{\prod_{i=1}^n(a_i,b_i):a_i,b_i\in\mathbf{R},a_i<b_i\right\}$$

为$\mathscr{U}$的一个拓扑基.

(3) 在离散拓扑空间$(X,\mathscr{D})$上,

$$\mathscr{B}=\{\{p\}:p\in X\}$$

为$\mathscr{D}$的一个拓扑基.

注　同一拓扑可以有不同的拓扑基.

问题　给定X的一个子集族$\mathscr{B}$,$\mathscr{B}$什么时候才能成为X上的某个拓扑的拓扑基?换句话讲,$\mathscr{B}$能够成为某个拓扑的拓扑基必须满足什么条件? 请读者思考.

例 2(不能作为拓扑基的例子)　设$X=\{a,b,c\}$,则$\mathscr{B}=\{\{a,c\},\{b,c\}\}$不能成为

X 上的某个拓扑的基.

证明 (反证)假设存在 X 上的拓扑 $\mathscr{T}$ 以 $\mathscr{B}$ 为基,则 $\{a,c\},\{b,c\}\in\mathscr{B}\subset\mathscr{T}$,故

$$\{c\}=\{a,c\}\cap\{b,c\}\in\mathscr{T}.$$

但不存在 $B\in\mathscr{B}$,使得 $c\in B\subset\{c\}$. 这与定理 3.1 相矛盾.

对于空族的运算:若全集为 X,规定

$$\bigcap_{B\in\varnothing}B=X,\ \bigcup_{B\in\varnothing}B=\varnothing.$$

定理 3.2(一个子集族成为拓扑基的充要条件) 设 $\mathscr{B}$ 为非空集合 X 的一个子集族,则 $\mathscr{B}$ 为 X 上某个拓扑的基当且仅当 $\mathscr{B}$ 满足

(ⅰ)$X=\bigcup_{B\in\mathscr{B}}B$;

(ⅱ)$B_1\in\mathscr{B},B_2\in\mathscr{B},p\in B_1\cap B_2\Rightarrow$ 存在 $B_p\in\mathscr{B}$,使得

$$p\in B_p\subset B_1\cap B_2.$$

证明 (1) 必要性. 若 $\mathscr{B}$ 为 X 上某个拓扑的基,则

由定义 3.1 知,

$$\text{对 } X\in\mathscr{T},\text{存在}\{B_i\}_{i\in I}\subset\mathscr{B},\text{使得 } X=\bigcup_{i\in I}B_i\subset\bigcup_{B\in\mathscr{B}}B.$$

又对 $\forall B\in\mathscr{B},B\subset X$. 故 $X=\bigcup_{B\in\mathscr{B}}B$.

由定理 3.1 知(ⅱ)成立.

(2) 充分性. 令

$$\mathscr{T}=\{\bigcup_{B\in\mathscr{A}}B\mid\mathscr{A}\subset\mathscr{B}\}$$

下证 $\mathscr{T}$ 为 X 上的拓扑,从而拓扑 $\mathscr{T}$ 以 $\mathscr{B}$ 为基.

Step1:由(ⅰ)知 $X=\bigcup_{B\in\mathscr{B}}B\in\mathscr{T}$. 又 $\varnothing=\bigcup_{B\in\varnothing}B\in\mathscr{T}$.

Step2:任取 $A_i\in\mathscr{T},i\in I$,下证 $\bigcup_{i\in I}A_i\in\mathscr{T}$.

对 $\forall i\in I$,存在 $\mathscr{A}_i\subset\mathscr{B}$,使得 $A_i=\bigcup_{B\in\mathscr{A}_i}B$. 记 $\mathscr{A}_0=\bigcup_{i\in I}\mathscr{A}_i\subset\mathscr{B}$,则

$$\bigcup_{i\in I}A_i=\bigcup_{i\in I}\bigcup_{B\in\mathscr{A}_i}B=\bigcup_{B\in\mathscr{A}_0}B\in\mathscr{T}.$$

Step3:任取 $A_1,A_2\in\mathscr{T}$,下证 $A_1\cap A_2\in\mathscr{T}$.

由 $\mathscr{T}$ 的定义知,存在 $\mathscr{A}_1,\mathscr{A}_2\subset\mathscr{B}$,使得

$$A_1=\bigcup_{B_1\in\mathscr{A}_1}B_1,A_2=\bigcup_{B_2\in\mathscr{A}_2}B_2.$$

所以

$$A_1\cap A_2=(\bigcup_{B_1\in\mathscr{A}_1}B_1)\cap(\bigcup_{B_2\in\mathscr{A}_2}B_2)=\bigcup_{B_1\in\mathscr{A}_1,B_2\in\mathscr{A}_2}(B_1\cap B_2).$$

由条件(ⅱ)知,

$$B_1 \cap B_2 = \bigcup_{p \in B_1 \cap B_2} B_p \in \mathscr{T}.$$

再由 Step 2 知,$A_1 \cap A_2 \in \mathscr{T}$.

注　定理 3.2 中的拓扑 $\mathscr{T}$ 称为由基 $\mathscr{B}$ 生成的拓扑.

推论(唯一性)　设 $(X,\mathscr{T}_1)$,$(X,\mathscr{T}_2)$ 为拓扑空间,若 $\mathscr{T}_1$ 与 $\mathscr{T}_2$ 有相同的拓扑基,则 $\mathscr{T}_1 = \mathscr{T}_2$.

例 3(用基定义的拓扑)

(1)$\mathbf{R}$ 上的下限拓扑:令

$$\mathscr{B} = \{[a,b) : a,b \in \mathbf{R}, a < b\},$$

请验证 $\mathscr{B}$ 可以成为 $\mathbf{R}$ 上某个拓扑的拓扑基.我们称该拓扑为 $\mathbf{R}$ 上的下限拓扑.

(2)$\mathbf{R}$ 上的 K-拓扑:令 $K = \left\{\dfrac{1}{n} : n \in \mathbf{N}_+\right\}$,

$$\mathscr{B} = \{(a,b) : a,b \in \mathbf{R}, a < b\} \cup \{(a,b) - K : a,b \in \mathbf{R}, a < b\},$$

请验证 $\mathscr{B}$ 可以成为 $\mathbf{R}$ 上某个拓扑的拓扑基.我们称该拓扑为 $\mathbf{R}$ 上的 K-拓扑.

(3)$\mathbf{N}_+$ 上的奇偶拓扑:令

$$\mathscr{B} = \{\{2n-1, 2n\} : n \in \mathbf{N}_+\},$$

请验证 $\mathscr{B}$ 可以成为 $\mathbf{N}_+$ 上某个拓扑的拓扑基.我们称该拓扑为 $\mathbf{N}_+$ 上的奇偶拓扑.

证明　(1)(ⅰ)由 $\mathbf{R} = \bigcup_{n=1}^{\infty} [-n,n) \subset \bigcup_{[a,b) \in \mathscr{B}} [a,b) \subset \mathbf{R}$ 知,

$$\mathbf{R} = \bigcup_{[a,b) \in \mathscr{B}} [a,b).$$

(ⅱ)对 $\forall [a_1,b_1) \in \mathscr{B}, [a_2,b_2) \in \mathscr{B}, p \in [a_1,b_1) \cap [a_2,b_2)$,则存在

$B = [\max\{a_1,a_2\}, \min\{b_1,b_2\}) \in \mathscr{B}$,使得 $p \in B \subset [a_1,b_1) \cap [a_2,b_2)$.

由定理 3.2 知,$\mathscr{B}$ 可以作为 $\mathbf{R}$ 上某个拓扑的基.

(2)(ⅰ)由 $\mathbf{R} = \bigcup_{a<b} (a,b) \subset \bigcup_{B \in \mathscr{B}} B \subset \mathbf{R}$ 知

$$\mathbf{R} = \bigcup_{B \in \mathscr{B}} B.$$

(ⅱ)对 $\forall B_1 \in \mathscr{B}, B_2 \in \mathscr{B}, p \in B_1 \cap B_2$,有:

若 $B_1 = (a_1,b_1), B_2 = (a_2,b_2)$,则

$$p \in B_1 \cap B_2 = (\max\{a_1,a_2\}, \min\{b_1,b_2\}) \in \mathscr{B}.$$

若 $B_1 = (a_1,b_1) - K, B_2 = (a_2,b_2)$,则

$$p \in B_1 \cap B_2 = (a_1,b_1) \cap (a_2,b_2) - K \in \mathscr{B}.$$

若 $B_1=(a_1,b_1)-K$，$B_2=(a_2,b_2)-K$，则

$$p\in B_1\cap B_2=(\max\{a_1,a_2\},\min\{b_1,b_2\})-K\in\mathscr{B}.$$

由定理 3.2 知，$\mathscr{B}$ 可以作为 $\mathbf{R}$ 上某个拓扑的基.

(3) 的证明留作练习.

例 4(**有限乘积拓扑**)

(1) 设 $(X_1,\mathscr{T}_1)$ 和 $(X_2,\mathscr{T}_2)$ 为两个拓扑空间，

$$\mathscr{B}=\{U\times V: U\in\mathscr{T}_1, V\in\mathscr{T}_2\},$$

则 $\mathscr{B}$ 能够成为 $X_1\times X_2$ 上某个拓扑的基. 该拓扑称为 $X_1\times X_2$ 的乘积拓扑.

(2) 设 $(X_1,\mathscr{T}_1),\cdots,(X_n,\mathscr{T}_n)$ 为 n 个拓扑空间 $(n\geqslant 2)$，

$$\mathscr{B}=\left\{\prod_{i=1}^{n}U_i: U_i\in\mathscr{T}_i\right\},$$

则 $\mathscr{B}$ 能够成为 $\prod\limits_{i=1}^{n}X_i$ 上某个拓扑的基. 该拓扑称为 $\prod\limits_{i=1}^{n}X_i$ 的乘积拓扑.

3.2 拓扑子基

定义 3.2(**子基**) 设 $(X,\mathscr{T})$ 为拓扑空间. 若 $\mathscr{T}$ 的子集族 $\mathscr{S}$ 的有限交

$$\mathscr{B}=\{\bigcap_{S\in\mathscr{S}_0}S: \mathscr{S}_0\text{ 是 }\mathscr{S}\text{ 的有限子族}\}$$

是拓扑 $\mathscr{T}$ 的一个基，则称 $\mathscr{S}$ 为拓扑空间 $(X,\mathscr{T})$ 的一个子基.

例 5(**子基**)

(1) 请验证

$$\mathscr{S}=\{(-\infty,a): a\in\mathbf{R}\}\cup\{(b,\infty): b\in\mathbf{R}\}$$

是 $(\mathbf{R},\mathscr{U})$ 的一个子基.

(2) 请验证

$$\mathscr{S}=\{(a,b)\times\mathbf{R}: a,b\in\mathbf{R}\}\cup\{\mathbf{R}\times(c,d): c,d\in\mathbf{R}\}$$

是 $(\mathbf{R}^2,\mathscr{U})$ 的一个子基.

定理 3.3(**由子集族生成的拓扑**) 设 $\mathscr{A}$ 为非空集合 X 上的一个子集族，则 $\mathscr{A}$ 可以生成 X 上唯一一个拓扑. 也就是说，子集族 $\mathscr{A}$ 的有限交可以作为 X 上某个拓扑的基.

证明　令

$$\mathscr{B}=\{\bigcap_{A\in\widetilde{\mathscr{A}}}A:\widetilde{\mathscr{A}}\text{为}\mathscr{A}\text{的有限子族}\}.$$

下证 $\mathscr{B}$ 是某个拓扑 $\mathscr{T}$ 的基.

(ⅰ) 由 $X=\bigcap_{A\in\varnothing}A\in\mathscr{B}$ 知 $\bigcup_{B\in\mathscr{B}}B=X$.

(ⅱ) 若 $B_1\in\mathscr{B},B_2\in\mathscr{B},p\in B_1\cap B_2$,则

$$B_1=A_1\cap A_2\cap\cdots\cap A_m,A_i\in\mathscr{A},i=1,\cdots,m;$$

$$B_2=C_1\cap C_2\cap\cdots\cap C_n,C_j\in\mathscr{A},j=1,\cdots,n,$$

从而

$$B_1\cap B_2=A_1\cap\cdots\cap A_m\cap C_1\cap\cdots\cap C_n\in\mathscr{B},$$

即存在 $B_p=B_1\cap B_2\in\mathscr{B}$,使得 $p\in B_p\subset B_1\cap B_2$.

由定理 3.2 知,$\mathscr{B}$ 可以成为 X 上某个拓扑的基.

例 6　设 $X=\{a,b,c,d\}$,$\mathscr{A}=\{\{a,b\},\{b,c\},\{d\}\}$,求 $\mathscr{A}$ 生成的拓扑.

解　(1) $\mathscr{A}$ 的有限交为

$$\mathscr{B}=\{\{a,b\},\{b,c\},\{d\},\{b\},\varnothing,X\}.$$

(2) 以 $\mathscr{B}$ 为基的拓扑为

$$\mathscr{T}=\mathscr{B}\cup\{\{a,b,d\},\{b,c,d\},\{b,d\},\{a,b,c\}\}.$$

拓扑 $\mathscr{T}$ 即为子集族 $\mathscr{A}$ 生成的拓扑.

例 7(序拓扑)　设 X 为全序集,以

$$\mathscr{S}=\{\{x:x<a\},\{x:x>a\}:a\in X\}$$

作为子基生成的拓扑称为 X 上的序拓扑 $\mathscr{T}_o$.

定理 3.4　设 $\mathscr{A}$ 为非空集合 X 的一个子集族,则由 $\mathscr{A}$ 生成的拓扑 $\mathscr{T}$ 为

$$\mathscr{T}=\bigcap_{\widetilde{\mathscr{T}}\text{为包含}\mathscr{A}\text{的拓扑}}\widetilde{\mathscr{T}}.$$

也就是说,由 $\mathscr{A}$ 生成的拓扑 $\mathscr{T}$ 为包含 $\mathscr{A}$ 的最小的拓扑.

证明　记

$$\mathscr{T}_1=\bigcap_{\widetilde{\mathscr{T}}\text{为包含}\mathscr{A}\text{的拓扑}}\widetilde{\mathscr{T}}.$$

(1) 首先,由 $\mathscr{T}$ 是包含 $\mathscr{A}$ 的一个拓扑及 $\mathscr{T}_1$ 的定义知,

$$\mathscr{T}_1\subset\mathscr{T}.$$

(2) 其次,任取包含 $\mathscr{A}$ 的拓扑 $\widetilde{\mathscr{T}}$,则由 $\widetilde{\mathscr{T}}$ 关于有限交封闭知,$\mathscr{A}$ 的有限交 $\mathscr{B}\subset\widetilde{\mathscr{T}}$.

再由$\tilde{\mathscr{T}}$关于任意并封闭知，$\mathscr{B}$的任意并$\mathscr{T}\subset\tilde{\mathscr{T}}$.

因此，由$\mathscr{T}_1$的定义知

$$\mathscr{T}\subset\mathscr{T}_1.$$

综上，

$$\mathscr{T}=\mathscr{T}_1.$$

3.3 局部基

定义 3.3(局部基) 设$(X,\mathscr{T})$为拓扑空间，$p\in X$. $\mathscr{B}_p$为包含p的一个开集族. 如果对于包含p的任意开集G，存在$G_p\in\mathscr{B}_p$，使得

$$p\in G_p\subset G,$$

则$\mathscr{B}_p$称为p处的一个局部基.

例 8 (1)$X=\mathbf{R}$，$a\in\mathbf{R}$.

$$\mathscr{B}_a=\{(a-\delta,a+\delta):\delta>0\}$$

为a处的一个局部基.

(2)$X=\mathbf{R}^n$，$p\in\mathbf{R}^n$.

$$\mathscr{B}_p=\{B(p,\delta):\delta>0\}$$

为p处的一个局部基.

注 包含p的开集未必可以由p处的局部基开集的并得到.

反例：拓扑空间$(\mathbf{R},\mathscr{U})$中，取0处的局部基$\mathscr{B}_0=\{(-\delta,\delta):\delta>0\}$，则$(-1,2)\in\mathscr{U}$不可能等于形如$(-\delta,\delta)$的局部基开集之并.

定理 3.5(拓扑基与局部基的关系) 设$\mathscr{B}$为拓扑空间$(X,\mathscr{T})$的一个基，$p\in X$，则

$$\mathscr{B}_p:=\{B:p\in B\in\mathscr{B}\}$$

为p处的一个局部基.

证明 对任意包含p的开集G，由于$\mathscr{B}$为基，故存在$B\in\mathscr{B}_p\subset\mathscr{B}$，使得

$$p\in B\subset G.$$

即$\mathscr{B}_p$为p处的一个局部基.

例 9(局部基) 考虑$\mathbf{R}$上的下限拓扑$\mathscr{T}_l$，$\mathscr{B}=\{[a,b):a,b\in\mathbf{R},a<b\}$为它的一

个基,由定理 3.5 知:对 $\forall x \in \mathbf{R}$,

$$\mathscr{B}_x = \{[a,b) : a \leqslant x < b, a,b \in \mathbf{R}\} \text{ 为 } x \text{ 处的一个局部基.}$$

定理 3.6(用局部基刻画聚点)　设 X 为拓扑空间,$A \subset X$. $p \in A'$ 当且仅当对 p 的某个局部基 $\mathscr{B}_p$ 满足

$$A \cap (G_p \setminus \{p\}) \neq \varnothing, \forall G_p \in \mathscr{B}_p.$$

证明

(1) 必要性显然.

(2) 充分性. 由 $\mathscr{B}_p$ 为 p 处的局部基知,

$$\text{对任意包含 } p \text{ 的开集 } G, \text{存在 } G_p \in \mathscr{B}_p, \text{使得 } p \in G_p \subset G,$$

从而

$$\varnothing \neq A \cap (G_p \setminus \{p\}) \subset A \cap (G \setminus \{p\}),$$

故 $p \in A'$.

定理 3.7(用局部基刻画收敛序列)　设 X 为拓扑空间,序列 $\{a_n\}_{n=1}^{\infty} \subset X$, $p \in X$,则 $\lim\limits_{n\to+\infty} a_n = p \Leftrightarrow$ 对 p 的某个局部基 $\mathscr{B}_p$ 有:

$$\text{序列 } \{a_n\}_{n=1}^{\infty} \text{ 中只有有限个不属于 } G_p, \forall G_p \in \mathscr{B}_p.$$

证明　(1) 必要性显然.

(2) 充分性. 由 $\mathscr{B}_p$ 为 p 处的局部基知,对任意包含 p 的开集 G,存在 $G_p \in \mathscr{B}_p$,使得 $p \in G_p \subset G$,从而

$$\# \{a_n : a_n \notin G\} \leqslant \# \{a_n : a_n \notin G_p\} < +\infty.$$

故

$$\lim_{n\to+\infty} a_n = p.$$

推论　设 $\mathscr{B}$ 为拓扑空间 $(X, \mathscr{T})$ 的基,则

(1) $p \in A' \Leftrightarrow$ 对任意包含 p 的 $B \in \mathscr{B}$,有

$$A \cap (B \setminus \{p\}) \neq \varnothing.$$

(2) $\lim\limits_{n\to+\infty} a_n = p \Leftrightarrow$ 序列 $\{a_n\}_{n=1}^{\infty}$ 中只有有限个不属于 B, $\forall$ 包含 p 的 $B \in \mathscr{B}$.

证明　由定理 3.5 易知.

习题 3

1. 证明 $\mathscr{B}_1 = \{(a,b] : a,b \in \mathbf{R}, a < b\}$ 可以成为 $\mathbf{R}$ 上某个拓扑的基. 这个拓扑就称为

$\mathbf{R}$ 上的上限拓扑.

2. 设 $\mathscr{B}$ 是拓扑空间 $(X,\mathscr{T})$ 的一个基，$\varnothing \neq A \in \mathscr{B}$. 证明：$\mathscr{B}_A=\{A\cap G: G\in\mathscr{B}\}$ 为 $(A,\mathscr{T}_A)$ 的一个基.

3. 设 $X=\{a,b,c,d,e\}$. $\mathscr{A}=\{\{a\},\{a,b,c\},\{c,d\}\}$，求 X 上由 $\mathscr{A}$ 生成的拓扑.

4. 设 $\mathscr{S}$ 是拓扑空间 $(X,\mathscr{T})$ 的一个子基，$\varnothing\neq A\in\mathscr{S}$. 证明：$\mathscr{S}_A=\{A\cap S: S\in\mathscr{S}\}$ 为 $(A,\mathscr{T}_A)$ 的一个子基.

5. 设 $X=\{a,b,c,d,e\}$. $\mathscr{D}$ 为 X 上的离散拓扑，请找出 $(X,\mathscr{D})$ 的一个子基 $\mathscr{S}$，使 $\mathscr{S}$ 中无单点集.

6. 证明：$\mathbf{R}$ 上的下限拓扑与 $\mathbf{R}$ 上的 K-拓扑(定义如本章例 3) 不可比较.

7. 设 X 为非空集合，“$<$”为 X 上的简单序关系，X 的子集族 $\mathscr{B}$ 由下列三种类型的集合组成：

(1) 所有的开区间 (a,b)；

(2) 所有区间 $[a_0,b)$，其中 a_0 为最小元(如果有)；

(3) 所有区间 $(a,b_0]$，其中 b_0 为最大元(如果有).

证明：$\mathscr{B}$ 能够成为 X 上某个拓扑的拓扑基. 我们称此拓扑为 X 上的序拓扑.

8. 设 $(X_1,\mathscr{T}_1)$ 和 $(X_2,\mathscr{T}_2)$ 为两个拓扑空间，且

$$\mathscr{B}=\{U\times V: U\in\mathscr{T}_1, V\in\mathscr{T}_2\}.$$

证明：$\mathscr{B}$ 能够成为 $X_1\times X_2$ 上某个拓扑的拓扑基. 我们称此拓扑为 $X_1\times X_2$ 上的乘积拓扑.

9. 设 X 为非空集合，$\mathscr{T}_1$ 和 $\mathscr{T}_2$ 为 X 上的两个拓扑，$\mathscr{B}_1$，$\mathscr{B}_2$ 分别为 $\mathscr{T}_1$ 和 $\mathscr{T}_2$ 的基. 证明：

$$\mathscr{T}_1\subset\mathscr{T}_2 \Leftrightarrow \text{对 } \forall x\in B_1\in\mathscr{B}_1,\text{存在 } B_2\in\mathscr{B}_2,\text{使得 } x\in B_2\subset B_1.$$

第 4 章　拓扑映射

4.1　连续映射：整体定义

定义 4.1(连续映射的整体定义)　设$(X,\mathscr{T})$和$(Y,\mathscr{T}^*)$为拓扑空间，若映射 $f:X\to Y$ 满足

$$V\in\mathscr{T}^*\Rightarrow f^{-1}(V)\in\mathscr{T},$$

则称 f 为 $\mathscr{T}-\mathscr{T}^*$ 连续映射，简称连续映射.

例 1(连续映射)　请用定义验证：

(1) 若$(Y,\mathscr{T}^*)$为任意给定的拓扑空间，则任意映射 $f:(X,\mathscr{D})\to(Y,\mathscr{T}^*)$是 $\mathscr{D}-\mathscr{T}^*$ 连续映射.

(2) 若$(X,\mathscr{T})$为任意给定的拓扑空间，则任意映射 $g:(X,\mathscr{T})\to(Y,\mathscr{I})$是$\mathscr{T}-\mathscr{I}$连续映射.

定理 4.1(用基描述连续)　设$(X,\mathscr{T})$，$(Y,\mathscr{T}^*)$为拓扑空间，$\mathscr{B}$ 为拓扑空间$(Y,\mathscr{T}^*)$的一个基，$f:X\to Y$ 为映射，则

$$f\text{ 连续}\Leftrightarrow f^{-1}(B)\text{ 是 }X\text{ 中的开集},\forall B\in\mathscr{B}.$$

证明　(1) 必要性显然易得.

(2) 充分性. 由

$$U\in\mathscr{T}^*\Rightarrow\text{存在 }\mathscr{A}\subset\mathscr{B}\text{，使得 }U=\bigcup_{B\in\mathscr{A}}B\text{（这里用到 }\mathscr{B}\text{ 为基）}$$
$$\Rightarrow f^{-1}(U)=f^{-1}\left(\bigcup_{B\in\mathscr{A}}B\right)=\bigcup_{B\in\mathscr{A}}f^{-1}(B)\in\mathscr{T}$$

知 f 连续.

定理 4.2(用子基描述连续)　设$(X,\mathscr{T})$，$(Y,\mathscr{T}^*)$为拓扑空间，$\mathscr{S}$为拓扑空间 Y 的一个子基，$f:X\to Y$ 为映射，则

$$f\text{ 连续}\Leftrightarrow f^{-1}(S)\text{ 是 }X\text{ 中的开集},\forall S\in\mathscr{S}.$$

证明　(1) 必要性显然.

(2) 充分性. 由于 $\mathscr{S}$ 为 $(Y,\mathscr{T}^*)$ 的一个子基，则

$$\mathscr{B}=\left\{\bigcap_{S\in\mathscr{S}_0} S : \mathscr{S}_0 \text{ 是 } \mathscr{S} \text{的有限子族}\right\}$$

为 $(Y,\mathscr{T}^*)$ 的基，从而

$$B\in\mathscr{T}^* \Rightarrow \text{存在}\{S_1,S_2,\cdots,S_n\}\subset\mathscr{S}, \text{使得 } B=\bigcap_{i=1}^n S_i$$

$$\Rightarrow f^{-1}(B)=f^{-1}\left(\bigcap_{i=1}^n S_i\right)=\bigcap_{i=1}^n f^{-1}(S_i)\in\mathscr{T}.$$

由定理 4.1 知，f 连续.

定理 4.3(用闭集描述连续) 设 $(X,\mathscr{T})$，$(Y,\mathscr{T}^*)$ 为拓扑空间，$f:X\to Y$ 为映射，则

$$f:X\to Y \text{ 连续} \Leftrightarrow f^{-1}(F) \text{ 是 } X \text{ 中的闭集}, \forall Y \text{ 中的闭集 } F.$$

证明 f 连续 $\Leftrightarrow$ 对 $\forall Y$ 中的开集 G，$f^{-1}(G)$ 为 X 中的开集

$\Leftrightarrow$ 对 $\forall Y$ 中的闭集 F，$f^{-1}(F^c)$ 为 X 中的开集

$\Leftrightarrow$ 对 $\forall Y$ 中的闭集 F，$f^{-1}(F)=(f^{-1}(F^c))^c$ 为 X 中的闭集.

定理 4.4(用闭包描述连续) 设 $(X,\mathscr{T})$，$(Y,\mathscr{T}^*)$ 为拓扑空间，$f:X\to Y$ 为映射，则

$$f:X\to Y \text{ 连续} \Leftrightarrow f(\overline{A})\subset\overline{f(A)}, \forall A\subset X.$$

证明 (1) 必要性. 由 f 连续知，

$$A\subset f^{-1}(f(A))\subset f^{-1}(\overline{f(A)}) \text{ 为 } X \text{ 中的闭集},$$

则有 $\overline{A}\subset f^{-1}(\overline{f(A)})$，从而

$$f(\overline{A})\subset f(f^{-1}(\overline{f(A)}))\subset\overline{f(A)}.$$

(2) 充分性. $\forall Y$ 中的闭集 F，下证 $f^{-1}(F)$ 闭. 由于 F 闭，故

$$f(\overline{f^{-1}(F)})\subset\overline{f(f^{-1}(F))}\subset\overline{F}=F.$$

两边用 f^{-1} 作用，则有

$$\overline{f^{-1}(F)}\subset f^{-1}(f(\overline{f^{-1}(F)}))\subset f^{-1}(F),$$

从而有 $\overline{f^{-1}(F)}=f^{-1}(F)$. 故 $f^{-1}(F)$ 为 X 中的闭集.

4.2 连续映射:局部定义

定义 4.2(连续映射的局部定义 1) 设 $(X,\mathscr{T})$，$(Y,\mathscr{T}^*)$ 为拓扑空间，$f:X\to Y$

为映射，$p \in X$. 若

$$N \in \mathcal{N}_{f(p)} \Rightarrow f^{-1}(N) \in \mathcal{N}_p,$$

则称映射 f 在 p 处连续.

定义 4.3（连续映射的局部定义 2）　设$(X,\mathcal{T})$，$(Y,\mathcal{T}^*)$为拓扑空间，$f: X \to Y$ 为映射，$p \in X$. 若

$$f(p) \in V \in \mathcal{T}^* \Rightarrow \text{存在} U \in \mathcal{T}, \text{使得 } p \in U \subset f^{-1}(V),$$

则称映射 f 在 p 处连续.

注　容易验证，定义 4.2 与定义 4.3 等价. 我们以后主要采用定义 4.3.

定理 4.5（用局部定义描述连续）

$f:(X,\mathcal{T}) \to (Y,\mathcal{T}^*)$ 连续 $\Leftrightarrow f:(X,\mathcal{T}) \to (Y,\mathcal{T}^*)$ 在任意点都连续.

证明　(1) 必要性显然.

(2) 充分性. 任取 Y 中的开集 V，由 f 在任意点都连续知，对 $\forall p \in f^{-1}(V)$，存在 $U_p \in \mathcal{T}$，使得

$$p \in U_p \subset f^{-1}(V),$$

所以

$$f^{-1}(V) = \bigcup_{p \in f^{-1}(V)} U_p \in \mathcal{T},$$

因此，f 连续.

4.3　序列连续

定义 4.4（序列连续）　设$(X,\mathcal{T})$，$(Y,\mathcal{T}^*)$为拓扑空间，$f: X \to Y$ 为映射. 若

$$p_n \xrightarrow{n \to +\infty} p \Rightarrow f(p_n) \xrightarrow{n \to +\infty} f(p),$$

则称 f 在 p 处序列连续.

定理 4.6（在一点处序列连续和连续的关系）

$f:(X,\mathcal{T}) \to (Y,\mathcal{T}^*)$ 在 p 处连续 $\Rightarrow f:(X,\mathcal{T}) \to (Y,\mathcal{T}^*)$ 在 p 处序列连续.

证明　任取 $f(p)$ 的开邻域 V，由 f 在 p 处连续知，存在 $U \in \mathcal{T}$，使得

$$p \in U \subset f^{-1}(V).$$

于是，

$$p_n \xrightarrow{n \to +\infty} p \Rightarrow \text{存在} N \in \mathbf{N}_+, \text{使得当} n \geqslant N \text{时}, p_n \in U$$

$$\Rightarrow \text{存在} N \in \mathbf{N}_+, \text{使得当} n \geqslant N \text{时}, f(p_n) \in f(U) \subset f(f^{-1}(V))$$

$\subset V$,故 f 在 p 处序列连续.

注 定理 4.6 的结论反之不成立. 考虑

$$f = id : (\mathbf{R}, \mathscr{T}_c) \to (\mathbf{R}, \mathscr{D}).$$

4.4 同胚空间及拓扑性质

定义 4.5(同胚空间及同胚映射) 设 X, Y 为拓扑空间,若存在双射 $f: X \to Y$,且 f 与 f^{-1} 都连续,则称拓扑空间 X 与 Y 同胚或者拓扑等价,记作 $X \simeq Y$. 这样的 f 称为同胚映射,简称同胚.

例 2 (1) 设 $f: \mathbf{R} \to \mathbf{R}_+$,

$$f(x) = e^x,$$

容易验证 f 为同胚.

(2) 设 X 与 Y 都为离散拓扑空间,则 X 与 Y 同胚 $\Leftrightarrow \#(X) = \#(Y)$.

例 3(R 上不同拓扑间的恒同映射)

(1) $id : (\mathbf{R}, \mathscr{T}_c) \to (\mathbf{R}, \mathscr{T}_f)$ 连续,但 $id : (\mathbf{R}, \mathscr{T}_f) \to (\mathbf{R}, \mathscr{T}_c)$ 不连续,故 id 不是同胚.

(2) $id : (\mathbf{R}, \mathscr{U}) \to (\mathbf{R}, \mathscr{T}_f)$ 连续,但 $id : (\mathbf{R}, \mathscr{T}_f) \to (\mathbf{R}, \mathscr{U})$ 不连续,故 id 不是同胚.

(3) $id : (\mathbf{R}, \mathscr{T}_c) \to (\mathbf{R}, \mathscr{U})$ 不连续,$id : (\mathbf{R}, \mathscr{U}) \to (\mathbf{R}, \mathscr{T}_c)$ 也不连续.

证明留作练习.

引理 4.1(复合映射的连续性) 若 $f: (X, \mathscr{T}_X) \to (Y, \mathscr{T}_Y)$ 连续,$g: (Y, \mathscr{T}_Y) \to (Z, \mathscr{T}_Z)$ 连续,则 $g \circ f: (X, \mathscr{T}_X) \to (Z, \mathscr{T}_Z)$ 也连续.

证明 对 $\forall Z$ 中的开集 U,

$$(g \circ f)^{-1}(U) = f^{-1}(g^{-1}(U)),$$

由 f, g 连续知,$g^{-1}(U)$ 为 Y 中的开集,$f^{-1}(g^{-1}(U))$ 为 X 中的开集,故 $g \circ f$ 连续.

定理 4.7　设 $\mathscr{A}=\{X: X$ 为拓扑空间$\}$,则同胚是 $\mathscr{A}$ 上的一个等价关系.

证明留作练习.

定义 4.6　P 称为一个拓扑不变性质(简称拓扑性质),如果拓扑空间$(X,\mathscr{T})$具有性质 P,则任何同胚于$(X,\mathscr{T})$的拓扑空间也具有性质 P.

注　如果 P 为一个拓扑不变性质,拓扑空间 X 具有性质 P,拓扑空间 Y 不具有性质 P,则 X 与 Y 一定不同胚.

可见,拓扑不变性质可以用来区分拓扑空间. 后面,我们将会研究各种拓扑不变性质.

4.5　乘积拓扑

定义 4.7(由函数诱导的拓扑)　设 X 为非空集合,$\{(X_i,\mathscr{T}_i): i\in A\}$ 为拓扑空间,映射 $f_i: X\to X_i$. 定义

$$\mathscr{S}:=\bigcup_i \{f_i^{-1}(H): H\in\mathscr{T}_i\},$$

则 X 上由 $\mathscr{S}$ 生成的拓扑 $\mathscr{T}$ 称为由$\{f_i\}$诱导的拓扑.

定理 4.8　由函数诱导的拓扑 $\mathscr{T}$ 具有以下性质:

(1)$\{f_i\}$关于 $\mathscr{T}$ 都是连续的;

(2)$\mathscr{T}$ 是 X 上所有使得$\{f_i\}$连续的拓扑之交;

(3)$\mathscr{T}$ 是 X 上使得$\{f_i\}$都连续的最小的拓扑;

(4)$\mathscr{S}$ 是 $\mathscr{T}$ 的子基.

定义 4.8(乘积拓扑)　设$\{(X_i,\mathscr{T}_i): i\in\Lambda\}$为拓扑空间,

$$X=\prod_i X_i.$$

则 X 上由投影映射

$$\pi_i: X\to X_i, i\in\Lambda$$

诱导的拓扑称为乘积拓扑,$(X,\mathscr{T})$称为乘积拓扑空间,简称乘积空间.

注　乘积拓扑是使所有投影映射连续的最小拓扑.

定理 4.9(有限乘积空间的基)　设$\{(X_i,\mathscr{T}_i): i=1,2,\cdots,m\}$为拓扑空间,$(X,\mathscr{T})$为其乘积空间,则

$$\mathscr{B}=\{G_1\times G_2\times\cdots\times G_m: G_i\in\mathscr{T}_i\}$$

是乘积拓扑 $\mathscr{T}$ 的一个基.

证明　由条件,令

$$\mathscr{S}=\bigcup_{i=1}^{m}\{\pi_i^{-1}(G):G\in\mathscr{T}_i\},$$

则 $\mathscr{T}$ 为 $\mathscr{S}$ 生成的拓扑,下证 $\mathscr{B}$ 为 $\mathscr{S}$ 的有限交.

(ⅰ) 对 $\forall B\in\mathscr{B}$,存在 $G_i\in\mathscr{T}_i$,使得

$B=\prod_{i=1}^{m}G_i=\bigcap_{i=1}^{m}X_1\times\cdots\times X_{i-1}\times G_i\times X_{i+1}\times\cdots\times X_m=\bigcap_{i=1}^{m}\pi_i^{-1}(G_i)\in\{\mathscr{S}$ 的有限交$\}$.

(ⅱ) $\forall S\in\{\mathscr{S}$ 的有限交$\}$,即 $S=\prod_{i=1}^{m}U_i$,$U_i=X_i$ 或 $U_i\in\mathscr{T}_i$,故 $S\in\mathscr{B}$.

综上,$\mathscr{B}=\{\mathscr{S}$ 的有限交$\}$.

定理 4.10(有限乘积空间的性质)　设 $(X,\mathscr{T})$ 为拓扑空间 $\{(X_i,\mathscr{T}_i):i=1,2,\cdots,m\}$ 的乘积空间,$(Y,\mathscr{T}^*)$ 为拓扑空间,则

$$f:Y\to X \text{ 连续}\Leftrightarrow \pi_i\circ f:Y\to X_i \text{ 连续},\ \forall i=1,2,\cdots,m.$$

证明　(1) 充分性. 由于 X 有基

$$\mathscr{B}=\{G_1\times G_2\times\cdots\times G_m:G_i\in\mathscr{T}_i\},$$

故只需证:$\forall B=G_1\times G_2\times\cdots\times G_m\in\mathscr{B}$,$f^{-1}(b)\in\mathscr{T}^*$.

$$\begin{aligned}f^{-1}(B)&=f^{-1}(\bigcap_{i=1}^{n}X_1\times\cdots\times X_{i-1}\times G_i\times X_{i+1}\times\cdots\times X_n)\\&=\bigcap_{i=1}^{n}f^{-1}(X_1\times\cdots\times X_{i-1}\times G_i\times X_{i+1}\times\cdots\times X_n)\\&=\bigcap_{i=1}^{n}f^{-1}(\pi_i^{-1}(G_i))\\&=\bigcap_{i=1}^{n}(\pi_i\circ f)^{-1}(G_i).\end{aligned}$$

由条件知,$(\pi\circ f)^{-1}(G_i)\in\mathscr{T}^*$,$\forall i=1,2,\cdots,m$,所以 $f^{-1}(B)\in\mathscr{T}$,即 f 连续.

(2) 必要性. 由于 $\pi_i(i=1,2,\cdots,m)$,f 均连续,由引理 4.1 知,$\pi_i\circ f$ 连续.

习题 4

1. 设 $f,g:(X,\mathscr{T})\to(\mathbf{R},\mathscr{U})$ 为连续映射. 证明:

(1) $f+g$ 是连续映射.

(2) $f \cdot g$ 也是连续映射.

2. 证明：

(1) 映射 $f:(X,\mathscr{T}) \to (Y,\mathscr{T}^*)$ 连续 $\Leftrightarrow f^{-1}(B^\circ) \subset (f^{-1}(B))^\circ, \forall B \subset Y$.

(2) 映射 $f:(X,\mathscr{T}) \to (Y,\mathscr{T}^*)$ 连续 $\Leftrightarrow \overline{f^{-1}(B)} \subset f^{-1}(\overline{B}), \forall B \subset Y$.

定义：设 $f:(X,\mathscr{T}) \to (Y,\mathscr{T}^*)$ 为映射.

(ⅰ) 若

$$A \subset X \text{ 为开集} \Rightarrow f(A) \text{ 为开集},$$

则称 f 为开映射.

(ⅱ) 若

$$F \subset X \text{ 为闭集} \Rightarrow f(F) \text{ 为闭集},$$

则称 f 为闭映射.

3. 设 $f:(X,\mathscr{T}) \to (Y,\mathscr{T}^*)$ 为映射. 证明：

(1) f 为闭映射 $\Leftrightarrow \overline{f(A)} \subset f(\overline{A}), \forall A \subset X$.

(2) f 为开映射 $\Leftrightarrow f(A^\circ) \subset (f(A))^\circ, \forall A \subset X$.

4. 设 $f:(X,\mathscr{T}) \to (Y,\mathscr{T}^*)$ 为映射. 证明：

(1) f 同胚 $\Leftrightarrow f$ 为连续双射 $+$ f 为开映射.

(2) f 同胚 $\Leftrightarrow f$ 为连续双射 $+$ f 为闭映射.

5. 设(ⅰ) $f:(X,\mathscr{T}) \to (Y,\mathscr{T}^*)$ 和 $g:(Y,\mathscr{T}^*) \to (Z,\mathscr{T}^{**})$ 为连续映射；

(ⅱ) $g \circ f:(X,\mathscr{T}) \to (Z,\mathscr{T}^{**})$ 为同胚.

证明：

(1) 若 g 为单射，则 f 和 g 为同胚.

(2) 若 f 为满射，则 f 和 g 为同胚.

第 5 章　度量空间

5.1　度量的定义及例子

定义 5.1(度量)　设 X 为非空集合.若实值函数

$$d: X \times X \to \mathbf{R}$$

满足:对 $\forall a, b, c \in X$,有

(1) 正定性:$d(a,b) \geqslant 0$ 且 $d(a,b)=0 \Leftrightarrow a=b$;

(2) 对称性:$d(a,b)=d(b,a)$;

(3) 三角不等式:$d(a,c) \leqslant d(a,b)+d(b,c)$;

则称 d 为 X 上的一个度量或者距离函数.

例 1(欧氏空间的通常度量)　定义 $d: \mathbf{R}^n \times \mathbf{R}^n \to \mathbf{R}$ 为

$$d(p,q) := \sqrt{\sum_{j=1}^{n}(a_j - b_j)^2},$$

其中 $p=(a_1,a_2,\cdots,a_n) \in \mathbf{R}^n$,$q=(b_1,b_2,\cdots,b_n) \in \mathbf{R}^n$.求证:$d$ 为 $\mathbf{R}^n$ 上的一个度量.

证明　对 $\forall p=(a_1,a_2,\cdots,a_n) \in \mathbf{R}^n$,$q=(b_1,b_2,\cdots,b_n) \in \mathbf{R}^n$,$r=(c_1,c_2,\cdots,c_n) \in \mathbf{R}^n$,有

(1) 正定性:

(i) $d(p,q)=\sqrt{\sum_{j=1}^{n}(a_j-b_j)^2} \geqslant 0$;

(ii) $d(p,q)=0 \Leftrightarrow a_j=b_j, 1 \leqslant j \leqslant n \Leftrightarrow p=q$.

(2) 对称性:

$$d(p,q)=\sqrt{\sum_{j=1}^{n}(a_j-b_j)^2}=\sqrt{\sum_{j=1}^{n}(b_j-a_j)^2}=d(q,p).$$

(3) 三角不等式:由 Cauchy-Schwarz 不等式,有

$$\sqrt{\sum_{j=1}^{n}(a_j-c_j)^2}\cdot\sqrt{\sum_{j=1}^{n}(c_j-b_j)^2}\geqslant\sum_{j=1}^{n}(a_j-c_j)\cdot(c_j-b_j),$$

因此，

$$\begin{aligned}[d(p,r)+d(q,r)]^2&=\left(\sqrt{\sum_{j=1}^{n}(a_j-c_j)^2}+\sqrt{\sum_{j=1}^{n}(b_j-c_j)^2}\right)^2\\&=\sum_{j=1}^{n}(a_j-c_j)^2+2\sqrt{\sum_{j=1}^{n}(a_j-c_j)^2}\cdot\sqrt{\sum_{j=1}^{n}(c_j-b_j)^2}+\sum_{j=1}^{n}(c_j-b_j)^2\\&\geqslant\sum_{j=1}^{n}(a_j-c_j)^2+2\sum_{j=1}^{n}(a_j-c_j)\cdot(c_j-b_j)+\sum_{j=1}^{n}(b_j-c_j)^2\\&=\sum_{j=1}^{n}(a_j-b_j)^2\\&=d(p,q)^2,\end{aligned}$$

即

$$d(p,r)+d(r,q)\geqslant d(p,q).$$

综上，d 为 $\mathbf{R}^n$ 上的一个度量.

例 2(欧氏空间的其他度量)　定义 $d_i:\mathbf{R}^n\times\mathbf{R}^n\to\mathbf{R}(i=1,2)$ 如下：

(1)$d_1(p,q)=\max\limits_{1\leqslant j\leqslant n}\{|a_j-b_j|\}$；

(2)$d_2(p,q)=\sum\limits_{j=1}^{n}|a_j-b_j|$；

其中 $p=(a_1,a_2,\cdots,a_n)\in\mathbf{R}^n$，$q=(b_1,b_2,\cdots,b_n)\in\mathbf{R}^n$. 求证：$d_1,d_2$ 均为 $\mathbf{R}^n$ 上的度量.

证明　正定性与对称性显然，只需验证三角不等式. 任取 $p=(a_1,a_2,\cdots,a_n)\in\mathbf{R}^n$，$q=(b_1,b_2,\cdots,b_n)\in\mathbf{R}^n$，$r=(c_1,c_2,\cdots,c_n)\in\mathbf{R}^n$.

(1) 对 $1\leqslant j\leqslant n$，有

$$\max_{1\leqslant j\leqslant n}\{|a_j-c_j|\}+\max_{1\leqslant j\leqslant n}\{|b_j-c_j|\}\geqslant|a_j-c_j|+|b_j-c_j|.$$

于是

$$\begin{aligned}d_1(p,r)+d_1(q,r)&=\max_{1\leqslant j\leqslant n}\{|a_j-c_j|\}+\max_{1\leqslant j\leqslant n}\{|b_j-c_j|\}\\&\geqslant\max_{1\leqslant j\leqslant n}\{|a_j-c_j|+|b_j-c_j|\}\\&\geqslant\max_{1\leqslant j\leqslant n}\{|a_j-b_j|\}\\&=d_1(p,q).\end{aligned}$$

(2)

$$\begin{aligned} d_2(p,r)+d_2(r,q) &= \sum_{j=1}^{n} |a_j - c_j| + \sum_{j=1}^{n} |c_j - b_j| \\ &= \sum_{j=1}^{n} (|a_j - c_j| + |c_j - b_j|) \\ &\geqslant \sum_{j=1}^{n} |a_j - b_j| \\ &= d_2(p,q). \end{aligned}$$

例 3(离散度量) 设 X 为任意非空集合,定义 $d: X \times X \to \mathbf{R}$ 如下:

$$d(a,b)=\begin{cases} 0, 若\ a=b; \\ 1, 若\ a \neq b. \end{cases}$$

求证:d 是 X 上的一个度量.我们称该度量为 X 上的离散度量.

证明 正定性与对称性显然,只需验证三角不等式.实际上,对 $\forall a,b,c \in X$,

(ⅰ)若 $a=b$,则

$$d(a,b)=0 \leqslant d(a,c)+d(b,c);$$

(ⅱ)若 $a \neq b$,则 $c \neq a$ 或 $c \neq b$.无论哪种情形,总有

$$d(a,b)=1 \leqslant d(a,c)+d(c,b).$$

例 4 令 $X=C[0,1]$,定义 $d_i: X \times X \to \mathbf{R}(i=1,2)$ 如下:

(1)

$$d_1(f,g)=\int_0^1 |f(x)-g(x)|\,dx;$$

(2)

$$d_2(f,g)=\sup_{x\in[0,1]} |f(x)-g(x)|.$$

求证:d_1,d_2 均为 $C[0,1]$ 上的度量.

证明 由定义,正定性与对称性立得,因此只需验证三角不等式.实际上,对 $\forall f, g,h \in C[0,1]$,有

$$\begin{aligned} d_1(f,h)+d_1(h,g) &= \int_0^1 |f(x)-h(x)|\,dx + \int_0^1 |h(x)-g(x)|\,dx \\ &= \int_0^1 (|f(x)-h(x)|+|h(x)-g(x)|)\,dx \\ &\geqslant \int_0^1 |f(x)-g(x)|\,dx \end{aligned}$$

$$=d_1(f,g);$$

$$\begin{aligned} d_2(f,h)+d_2(h,g) &= \sup_{x\in[0,1]}|f(x)-h(x)|+\sup_{x\in[0,1]}|h(x)-g(x)| \\ &\geqslant \sup_{x\in[0,1]}(|f(x)-h(x)|+|h(x)-g(x)|) \\ &\geqslant \sup_{x\in[0,1]}|f(x)-g(x)| \\ &= d_2(f,g). \end{aligned}$$

注　若 $X=\mathscr{R}[0,1]=\{f:f$ 为$[0,1]$上的黎曼可积函数$\}$，则按上述定义给出的 d_1,d_2 不是 $\mathscr{R}[0,1]$ 上的度量.

定义 5.2（集合之间的距离）　设 d 为非空集合 X 上的一个度量.

(1) $p\in X$ 到非空集合 $A\subset X$ 的距离定义为

$$d(p,A)=\inf\{d(p,a):a\in A\};$$

(2) 两个非空集合 $A,B\subset X$ 之间的距离定义为

$$d(A,B)=\inf\{d(a,b):a\in A,b\in B\}.$$

例 5（集合之间的距离）　设 $X=\mathbf{R}$，$A=[0,1)$，$B=(1,2]$.

(1) 若 d_1 为 $\mathbf{R}$ 上的通常度量，求 $d(A,B)$.

(2) 若 d_2 为 $\mathbf{R}$ 上的离散度量，求 $d(A,B)$.

解　(1) 取 $p_n=1-\dfrac{1}{n}\in A$，$q_n=1+\dfrac{1}{n}\in B$，则

$$d_1(A,B)\leqslant d(p_n,q_n)=\frac{2}{n}.$$

因此，$d_1(A,B)=0$.

(2) 由 $A\cap B=\varnothing$ 知，对 $\forall a\in A,b\in B$，有 $a\neq b$. 因此，

$$d_2(A,B)=\inf\{d(a,b):a\in A,b\in B\}=1.$$

例 6（集合之间的距离）　设 d 为 $\mathbf{R}^n$ 上的通常度量，

$$A=\{(x,y)\mid y=0\},B=\left\{(x,y)\,\middle|\,y=\frac{1}{x}\right\}.$$

求 $d(A,B)$.

解　取 $p_n=(n,0)\in A$，$q_n=\left(n,\dfrac{1}{n}\right)\in B$，则

$$d(A,B)\leqslant d(p_n,q_n)=\frac{1}{n},$$

因此，$d(A,B)=0$.

定义 5.3（直径） 设 d 为非空集合 X 上的一个度量，$A \subset X$ 为非空子集.

（1）A 的直径定义为

$$\operatorname{diam}(A)=\sup\{d(a,a'): a,a' \in A\}.$$

（2）如果 $\operatorname{diam}(A)<+\infty$，则称 A 有界.

（3）如果 $\operatorname{diam}(A)=+\infty$，则称 A 无界.

例 7（直径） $X=C[0,1]$，考虑度量

$$d(f,g)=\sup_{0\leqslant x\leqslant 1}|f(x)-g(x)|.$$

令

$$A=\{f\in X \mid \sup_{0\leqslant x\leqslant 1}|f(x)|=1\},$$

$$B=\{f\in X \mid \int_0^1 |f(x)|\,dx=1\}.$$

求 $\operatorname{diam}(A)$ 与 $\operatorname{diam}(B)$.

解 （1）先求 $\operatorname{diam}(A)$.

（ⅰ）对 $\forall f,g\in A$，有

$$\begin{aligned}d(f,g)&=\sup_{0\leqslant x\leqslant 1}|f(x)-g(x)|\\&\leqslant \sup_{0\leqslant x\leqslant 1}[|f(x)|+|g(x)|]\\&\leqslant \sup_{0\leqslant x\leqslant 1}|f(x)|+\sup_{0\leqslant x\leqslant 1}|g(x)|\\&=2.\end{aligned}$$

于是，$\operatorname{diam}(A)\leqslant 2$.

（ⅱ）取 $f(x)=1, g(x)=-1$，则 $\operatorname{diam}(A)\geqslant d(f,g)=2$.

综合（ⅰ）（ⅱ）得 $\operatorname{diam}(A)=2$.

（2）再求 $\operatorname{diam}(B)$. 取函数列

$$f_n(x)=\begin{cases}-2n^2x+2n, & x\in\left[0,\dfrac{1}{n}\right],\\ 0, & x\in\left(\dfrac{1}{n},1\right],\end{cases}$$

则 $f_n\in C[0,1]$，且

$$\int_0^1|f_n(x)|\,dx=\int_0^{\frac{1}{n}}(-2n^2x+2n)\mathrm{d}x=1.$$

因此，$f_n \in B$. 于是，

$$\operatorname{diam}(B) \geqslant \max_{0\leqslant x\leqslant 1} |f_n(x) - f_1(x)| \geqslant |f_n(0) - f_1(0)| = 2n - 2 \to +\infty,$$

故 $\operatorname{diam}(B) = +\infty$.

定义 5.4(开球)　设 d 为非空集合 X 上的一个度量，$\delta > 0$，

$$B(p,\delta) := \{x : d(p,x) < \delta\},$$

称为以 p 为心，δ 为半径的开球.

引理 5.1(开球)　对 $\forall q \in B(p,\delta)$，存在 $\delta_1 > 0$，使得

$$B(q,\delta_1) \subset B(p,\delta).$$

证明　令

$$\delta_1 = \delta - d(p,q),$$

则

$$\begin{aligned} x \in B(q,\delta_1) &\Rightarrow d(x,q) < \delta_1 \\ &\Rightarrow d(x,p) \leqslant d(x,q) + d(p,q) < \delta_1 + d(p,q) = \delta \\ &\Rightarrow x \in B(p,\delta), \end{aligned}$$

故 $B(q,\delta_1) \subset B(p,\delta)$.

引理 5.2(开球)　设 B_1, B_2 为开球，$p \in B_1 \cap B_2$，则存在以 p 为心的开球 B_p，使得

$$p \in B_p \subset B_1 \cap B_2.$$

证明　若 $p \in B_1 \cap B_2$，则 $p \in B_1$ 且 $p \in B_2$. 再由引理 5.1 知

(ⅰ) 存在 $\delta_1 > 0$，使得 $B(p,\delta_1) \subset B_1$；

(ⅱ) 存在 $\delta_2 > 0$，使得 $B(p,\delta_2) \subset B_2$.

令 $\delta = \min\{\delta_1,\delta_2\}$，$B_p = B(p,\delta)$，则

$$p \in B_p \subset B_1 \cap B_2.$$

定理 5.1(开球)　设 d 为非空集合 X 上的一个度量，令

$$\mathscr{B} = \{B(p,\delta) : p \in X, \delta > 0\},$$

则 $\mathscr{B}$ 可以作为 X 上某个拓扑的基.

证明　(1) 由 $X = \bigcup_{p\in X} B(p,1) \subset \bigcup_{B\in\mathscr{B}} B \subset X$ 知

$$X=\bigcup_{B\in\mathscr{B}} B.$$

(2) 由引理 5.2 知,若 $B_1,B_2\in\mathscr{B}$ 且 $p\in B_1\cap B_2$,则存在 $B_p\in\mathscr{B}$,使得

$$p\in B_p\subset B_1\cap B_2.$$

由定理 3.2 知,则 $\mathscr{B}$ 可以作为 X 上某个拓扑的基.

定义 5.5(度量拓扑与度量空间)

(1) 设 d 为非空集合 X 上的一个度量. 由

$$\mathscr{B}=\{B(p,\delta):p\in X,\delta>0\},$$

则 $\mathscr{B}$ 生成的拓扑 $\mathscr{T}$ 称为度量拓扑(或由度量 d 诱导的拓扑).

(2) X 连同 $\mathscr{T}$ 称为度量空间,记为 (X,d).

定理 5.2(度量拓扑:性质 1) 设 (X,d) 为度量空间,$p\in X$,则可数开球族

$$\mathscr{B}_p:=\left\{B(p,1),B\left(p,\frac{1}{2}\right),B\left(p,\frac{1}{3}\right),\cdots\right\}$$

为 p 处的一个局部基.

证明 记 $\mathscr{T}$ 为 d 在 X 上诱导的拓扑,则

$$\begin{aligned} p\in U\in\mathscr{T} &\Rightarrow \text{存在 } B(x,r)\in\mathscr{B}_p,\text{使得 } p\in B(x,r)\\ &\Rightarrow \text{存在 } r_0,\text{使得 } B(p,r_0)\subset B(x,r)\text{(由引理 5.1)}\\ &\Rightarrow \text{存在 } n\in\mathbf{N}_+,\text{使得 } p\in B\left(p,\frac{1}{n}\right)\subset B(p,r_0)\subset B(x,r)\subset U,\end{aligned}$$

故 $\mathscr{B}_p$ 为 p 处的局部基.

定理 5.3(度量拓扑:性质 2) 设 (X,d) 为度量空间,$A\subset X$ 为非空子集,则

$$\overline{A}=\{x:d(x,A)=0\}.$$

证明 记 $\mathscr{T}$ 为 d 在 X 上诱导的拓扑,$D=\{x:d(x,A)=0\}$.

先证 $D\subset\overline{A}$.

$$\begin{aligned} x\notin\overline{A} &\Rightarrow x\in(\overline{A})^c\in\mathscr{T}\\ &\Rightarrow \text{存在 } r>0,\text{使得 } B(x,r)\subset(\overline{A})^c\\ &\Rightarrow d(x,A)\geqslant r>0\\ &\Rightarrow x\notin D.\end{aligned}$$

再证 $\overline{A}\subset D$. 证 D 为闭集. 由

$$x \in D^c \Rightarrow \delta := d(x, A) > 0$$
$$\Rightarrow d(y, A) \geqslant d(x, A) - d(x, y) > \delta - \delta/2 = \delta/2 > 0, \forall y \in B(x, \delta/2)$$
$$\Rightarrow B(x, \delta/2) \subset D^c$$

知 D^c 为开集,从而 D 为闭集. 又显然有 $A \subset D$,因此,$\overline{A} \subset \overline{D} = D$.

综上,$\overline{A} = D$.

推论(度量拓扑:性质 3) 设(X, d)为度量空间,则 X 中任意非空有限子集为闭集.

证明 任取 X 中有限子集 $A = \{x_1, x_2, \cdots, x_N\}$,则

$$d(x, A) = \min_{1 \leqslant j \leqslant N} d(x, x_j),$$

因此,$\{x : d(x, A) = 0\} = A$. 再由定理 5.18 知,$A = \overline{A}$ 为闭集.

定理 5.4(度量拓扑:性质 4) 设(X, d)为度量空间,$A, B \subset X$ 为不相交的非空闭集,则存在不相交的开集 G, H,使得

$$A \subset G, B \subset H.$$

证明 记 $\mathscr{T}$ 为 d 在 X 上诱导的拓扑.

(ⅰ) 由 $A \cap B = \varnothing$,B 为非空闭集及定理 5.3 可知,对 $\forall x \in A, d(x, B) > 0$. 记 $\delta_x = d(x, B)/2$,令

$$G = \bigcup_{x \in A} B(x, \delta_x),$$

则

$$A \subset G \in \mathscr{T}.$$

(ⅱ) 由 $A \cap B = \varnothing$,A 为非空闭集及定理 5.3 可知,对 $\forall y \in B, d(y, A) > 0$. 记 $\delta_y = d(y, A)/2$,令

$$H = \bigcup_{y \in B} B(y, \delta_y),$$

则

$$B \subset H \in \mathscr{T}.$$

再证明 $G \cap H = \varnothing$. 若不然,则存在 $p \in G \cap H$.

(ⅰ) 由 $p \in G$ 知,存在 $x \in A$,使得 $\in B(x, \delta_x)$;

(ⅱ) 由 $p \in H$ 知,存在 $y \in B$,使得 $p \in B(y, \delta_y)$.

从而

$$d(x,y) \leqslant d(p,x)+d(p,y) < \delta_x+\delta_y$$
$$=\frac{1}{2}d(x,B)+\frac{1}{2}d(y,A)$$
$$\leqslant \frac{1}{2}d(x,y)+\frac{1}{2}d(y,x)$$
$$=d(x,y),$$

矛盾.

注 设(X,d)为度量空间,$A,B\subset X$为非空闭集,则

$$A\cap B=\varnothing \nRightarrow d(A,B)>0.$$

反例:请参见例 6.

定义 5.6(等价度量) 若非空集合 X 上的两个度量 d_1 和 d_2 诱导的拓扑相同,则称 d_1 与 d_2 等价.

例 8 证明:

(1) 例 2 中的两个度量是 $\mathbf{R}^n$ 上的等价度量;

(2) 例 3 中的两个度量不是 $C[0,1]$ 上的等价度量.

度量化问题:给定拓扑空间$(X,\mathscr{T})$,则拓扑 $\mathscr{T}$ 是否能由 X 上的某个度量 d 诱导得到?

显然,答案是否定的. 由定理 5.3 的推论易知,多于两点的平庸拓扑空间$(X,\mathscr{I})$,其中 $\#(X)\geqslant 2$,一定不可度量化.

5.2 度量空间中的序列收敛

定义 5.7(度量空间中的序列收敛) 若对任意包含 x 的开集G,$\{x_n\}_{n=1}^{\infty}$只有有限项不包含在 G 中,则称$\lim\limits_{n\to+\infty}x_n=x$.

定理 5.5(收敛的等价定义) 设(X,d)为度量空间,$\{x_n\}_{n=1}^{\infty}$为 X 中的序列.

$\lim\limits_{n\to+\infty}x_n=x \Leftrightarrow$ 若对 $\forall\varepsilon>0$,存在 $N>0$,使得当 $n>N$ 时,有 $d(x_n,x)<\varepsilon$.

证明 (1) 充分性. 任取 x 的开集G,由定理 5.2,存在 $n_0\in\mathbf{N}_+$,使得

$$B\left(x,\frac{1}{n_0}\right)\subset G,$$

取 $\varepsilon=\frac{1}{n_0}$，则存在 $N\in\mathbf{N}_+$，使得 $n>N$ 时，均有 $x_n\in B\left(x,\frac{1}{n}\right)\subset G$，故不在 G 中的 x_n 只有有限项，从而

$$\lim_{n\to+\infty}x_n=x.$$

(2) 必要性. 对 $\forall\varepsilon>0$，考虑开集 $G=B(x,\varepsilon)$，由收敛的定义知不在 G 中的 x_n 只有有限项，故存在 $N>0$，使得对 $\forall n>N$，有

$$x_n\in G,$$

即此时

$$d(x_n,x)<\varepsilon.$$

在度量空间中，序列收敛可以刻画一些拓扑概念，这在一些后续课程的学习中非常重要.

定理 5.6(序列收敛刻画闭集)　设 (X,d) 为度量空间，A 为 (X,d) 中的非空子集，则

$$A\text{ 为闭集}\Leftrightarrow A\text{ 中任一收敛子列的极限均在 }A\text{ 中}.$$

定理 5.7(序列收敛刻画导集)　设 (X,d) 为度量空间，A 为 (X,d) 中的非空子集，则

$$x\in A'\Leftrightarrow \text{存在}\{x_n\}_{n=1}^{\infty}\subset A\text{，使得}\lim_{n\to+\infty}x_n=x.$$

证明留作习题.

5.3　度量空间中的连续

定义 5.8(函数极限)　设 (X,d)，(Y,ρ) 为度量空间，$f:X\to Y$，$x_0\in X$，$A\in Y$. 若

对 $\forall\varepsilon>0$，存在 $\delta=\delta(\varepsilon)>0$，使得对 $\forall x\in B(x_0,\delta)$，$\rho(f(x),A)<\varepsilon$，

则记

$$\lim_{x\to x_0}f(x)=A.$$

定理 5.8(归结原则)　设 (X,d)，(Y,ρ) 为度量空间，$f:X\to Y$，$x_0\in X$. 我们有

$$\text{对 }\forall\{x_n\}_{n=1}^{\infty}\text{，}\lim_{n\to+\infty}x_n=x\text{，则}\lim_{n\to+\infty}f(x_n)=A\text{，}$$

等价于

$$\lim_{x \to x_0} f(x) = A.$$

证明 (1) 必要性.假设存在 $\varepsilon_0 > 0$,对 $\forall \delta > 0$,存在 $x_\delta \in B(x_0, \delta)$,使得

$$\rho(f(x), A) \geqslant \varepsilon_0.$$

选取 $\delta = \frac{1}{n}$,则存在 $x_n \in B\left(x_0, \frac{1}{n}\right)$,使得

$$\rho(f(x_n), A) \geqslant \varepsilon_0,$$

不难发现,$x_n \to x_0$,但

$$\lim_{n \to +\infty} f(x_n) \neq A,$$

这与$\lim\limits_{x \to x_0} f(x) = A$ 的定义相矛盾.

(2) 充分性.任意固定 $\varepsilon > 0$.任取 $x_n \to x$,则存在 $N > 0$,使得对 $\forall n > N$ 有

$$x_n \in B(x_0, \delta),$$

则

$$\rho(f(x_n), A) < \varepsilon,$$

即

$$\lim_{n \to +\infty} f(x_n) = A.$$

定理 5.9(连续与连续函数) 设(X,d),(Y,ρ)为度量空间,$f:X \to Y$,$x_0 \in X$.

$$\lim_{x \to x_0} f(x) = f(x_0) \Leftrightarrow f \text{ 在 } x_0 \text{ 处连续}.$$

证明 (1) 必要性.任取包含$(f(x_0))$的开集.对 $\forall x \in f^{-1}(V)$,取 $\varepsilon > 0$,使得 $B(f(x_0), \varepsilon) \subset V$,则

$$f^{-1}(B(f(x_0), \varepsilon)) \subset f^{-1}(V).$$

由$\lim\limits_{x \to x_0} f(x) = f(x_0)$及定义 5.8 知,存在 $\delta > 0$,使得

$$x_0 \in B(x_0, \delta) \subset f^{-1}(B(f(x_0), \varepsilon)) \subset f^{-1}(V),$$

由定义 4.3,故 f 在 x_0 处连续.

(2) 充分性.对 $\forall \varepsilon > 0$,由连续的定义知 $f^{-1}(B(f(x_0), \varepsilon))$ 为开集.从而存在 $\delta > 0$,使得

$$B(x_0, \delta) \subset f^{-1}(B(f(x_0), \varepsilon)),$$

于是

$$f(B(x_0, \delta)) \subset f(f^{-1}(B(f(x_0), \varepsilon))) \subset B(f(x_0), \varepsilon).$$

故

$$\lim_{x \to x_0} f(x) = f(x_0).$$

定理 5.10（度量的连续性）　设(X,d)为度量空间.

（1）对 $\forall y \in X$，函数

$$f: X \to \mathbf{R}$$
$$x \to d(x,y)$$

在 X 上 Lipschitz 连续.

（2）设 A 为 X 上一非空子集，则函数

$$f: X \to \mathbf{R}$$
$$x \to d(x,A)$$

在 X 上 Lipschitz 连续.

证明　（1）由 $|f(x_1) - f(x_2)| = |d(x_1,y) - d(x_2,y)| \leqslant |d(x_1,x_2)|$，知 f 是 Lipschitz 连续的.

（2）任取 $x_1, x_2 \in X$，不妨设 $f(x_1) \geqslant f(x_2)$，对 $\forall \varepsilon > 0$，存在 $y_0 \in A$，使得

$$f(x_2) = \inf_{y \in X} d(x_2,y) \geqslant d(x_2,y_0) - \varepsilon,$$

而

$$f(x_1) = \inf_{y \in X} d(x_1,y) \leqslant d(x_1,y_0),$$

故

$$0 \leqslant f(x_1) - f(x_2) \leqslant d(x_1,y_0) - d(x_2,y_0) + \varepsilon \leqslant d(x_1,x_2) + \varepsilon.$$

令 $\varepsilon \to 0^+$，则

$$|f(x_1) - f(x_2)| \leqslant d(x_1,x_2),$$

故 f 是 Lipschitz 连续的.

5.4　度量空间的完备性

定义 5.9（Cauchy 列）　设(X,d)为度量空间. 若 X 中序列$\{x_n\}_{n=1}^{\infty}$满足对 $\forall \varepsilon > 0$，存在 $N \in \mathbf{N}_+$，使得当 $m > n > N$ 时，有

$$d(x_n, x_m) < \varepsilon,$$

则称$\{x_n\}$为 Cauchy 列.

注　通常也称 Cauchy 列为基本列.

定义 5.10(完备性) 设(X,d)为度量空间,若X中的任意Cauchy列均收敛,则称(X,d)是完备的.

例 9(完备度量空间) $X=C[0,1]$在度量$d(f,g)=\max\limits_{x\in[0,1]}|f(x)-g(x)|$下成为完备度量空间.

证明 任取Cauchy列$\{f_n\}$,则对$\forall\varepsilon>0$,存在$N\in\mathbf{N}_+$,使得当$m>n>N$时,

$$d(f_m,f_n)=\max_{x\in[0,1]}|f_m(x)-f_n(x)|\leqslant\varepsilon.$$

从而函数列$\{f_n\}$在$[0,1]$上一致收敛,进而存在$f\in C[0,1]$,使得$\{f_n\}$一致收敛到f.故

$$d(f_n,f)=\max_{x\in[0,1]}|f_n(x)-f(x)|\xrightarrow{n\to+\infty}0,$$

即$\{f_n\}$在度量空间$(C[0,1],d)$中收敛到f.因此,$(C[0,1],d)$为完备度量空间.

例 10(完备度量空间)

(1) 令$l^p:=\left\{x=(x_1,x_2,\cdots,x_n,\cdots):\sum\limits_{n=1}^{\infty}|x_n|^p<+\infty\right\}(1\leqslant p<+\infty)$,

定义

$$d_p(x,y)=\left(\sum_{n=1}^{\infty}|x_n-y_n|^p\right)^{\frac{1}{p}},$$

证明:d_p是l^p上的完备度量.

(2) 令

$$l^{\infty}:=\{x=(x_1,x_2,\cdots,x_n,\cdots):\sup_{i\in\mathbf{N}_+}|x_i|<+\infty\},$$

定义

$$d_{\infty}(x,y)=\sup_{i\in\mathbf{N}_+}|x_i-y_i|.$$

证明:d_{∞}是l^{∞}上的完备度量.

证明d_p,d_{∞}是度量留作练习,下面主要证明其完备性.

证明 (1) 任取Cauchy列$\{x_n\}_{n=1}^{\infty}\subset l^p$,则对$\forall\varepsilon>0$,存在$N>0$,使得当$m>n>N$时,有

$$d_p(x_n,x_m)<\varepsilon$$

其中$x_n=(x_n^1,x_n^2,\cdots,x_n^k,\cdots)$.于是,

$$|x_n^k-x_m^k|\leqslant\left(\sum_{k=1}^{\infty}|x_n^k-x_m^k|^p\right)^{\frac{1}{p}}<\varepsilon,$$

故数列$\{x_n^k\}_{k=1}^{\infty}$收敛,记$x_n^k \xrightarrow{n \to +\infty} x^k$,且记$x=(x^1,x^2,\cdots,x^k,\cdots)$.

下证$x \in l^p$且$x_n \to x$.

对$\forall M \in \mathbf{N}_+$,有

$$\left(\sum_{k=1}^{M} |x_n^k - x_m^k|^p\right)^{\frac{1}{p}} \leqslant \left(\sum_{k=1}^{\infty} |x_n^k - x_m^k|^p\right)^{\frac{1}{p}} \leqslant \varepsilon,$$

令$m \to \infty$,则

$$\left(\sum_{k=1}^{M} |x_n^k - x^k|^p\right)^{\frac{1}{p}} \leqslant \varepsilon.$$

再令$M \to \infty$,则

$$\left(\sum_{k=1}^{\infty} |x_n^k - x^k|^p\right)^{\frac{1}{p}} \leqslant \varepsilon,$$

即$d_p(x_n,x) \leqslant \varepsilon$,故$x_n \to x$.另外,取$\varepsilon=1$,则存在$N>0$使得

$$d_p(x_N,x) \leqslant 1,$$

则

$$\left(\sum_{k=1}^{\infty} |x^k|^p\right)^{\frac{1}{p}} = d_p(x,0) \leqslant d_p(x_N,x) + d_p(x_N,0) \leqslant 1 + d_p(x_N,0) < \infty,$$

则$x \in l^p$.

(2) 任取 Cauchy 列$\{x_n\}_{n=1}^{\infty} \subset l^{\infty}$,则对$\forall \varepsilon>0$,存在$N>0$,使得当$m>n>N$时,有

$$d_{\infty}(x_n,x_m) < \varepsilon,$$

其中$x_n=(x_n^1,x_n^2,\cdots,x_n^k,\cdots)$.于是,

$$|x_n^k - x_m^k| \leqslant \sup_{k \in \mathbf{N}_+} |x_n^k - x_m^k| \leqslant \varepsilon,$$

故数列$\{x_n^k\}_{k=1}^{\infty}$收敛,记$x_n^k \xrightarrow{n \to +\infty} x^k$,且记$x=(x^1,x^2,\cdots,x^k,\cdots)$.

下证$x \in l^{\infty}$且$x_n \to x$.

由

$$|x_n^k - x_m^k| \leqslant \varepsilon, k \in \mathbf{N}_+,$$

令$m \to \infty$,则

$$|x_n^k - x^k| \leqslant \varepsilon, k \in \mathbf{N}_+,$$

则

$$\sup_{k \in \mathbf{N}_+} |x_n^k - x^k| \leqslant \varepsilon,$$

即 $d_\infty(x_n,x)\leqslant\varepsilon$，故 $x_n\to x$. 另外，取 $\varepsilon=1$，则存在 $N>0$ 使得

$$d_\infty(x_N,x)\leqslant 1,$$

则

$$\sup_{k\in\mathbf{N}_+}|x^k|=d_\infty(x,0)\leqslant d_\infty(x_N,x)+d_\infty(x_N,0)\leqslant 1+d_\infty(x_N,0)<+\infty,$$

则 $x\in l^\infty$.

下面研究完备度量空间的两个重要定理.

引理 5.3　设(X,d)为度量空间，M 为 X 中闭集且 $M^\circ=\varnothing$，则 M^c 在 X 中稠密.

证明　由 $M=M^\circ\cup b(M)$，则 $M=b(M)$，故对 $\forall x_0\in M$，$\forall B(x_0,r)$，均有

$$B(x_0,r)\cap M^c\neq\varnothing\Rightarrow x_0\in(M^c)'\Rightarrow M\subset(M^c)',$$

则

$$\overline{M^c}=M^c\cup(M^c)'\supset M^c\cup M=X,$$

故 M^c 在 X 中稠密.

引理 5.4(闭球套定理)　设(X,d)为完备度量空间，记 $C_n=\overline{B(x_n,\delta_n)}$，且满足

(1)$C_n\subset C_{n-1}$；

(2)$\lim\limits_{n\to+\infty}\delta_n=0$；

则存在唯一的 $x\in X$，使得

$$x\in\bigcap_{n=1}^{\infty}C_n.$$

证明　(1) 存在性. 由定义：

$$d(x_m,x_n)\leqslant\max\{\delta_n,\delta_m\}\to 0 \text{ 且 } x_k\in C_n(k\geqslant n),$$

则$\{x_n\}$为 Cauchy 列，则存在 x，使得 $x_n\to x$. 由于C_n 为闭集，则由定理 5.6 可知，$x\in C_n(n\in\mathbf{N}_+)$，则 $x\in\bigcap\limits_{n=1}^{\infty}C_n$.

(2) 唯一性显然.

定理 5.11(Baire 定理)　设(X,d)为完备度量空间，X_n 为(X,d)中闭集，且 $X_n^\circ=\varnothing$，则

$$\left(\bigcup_{n=1}^{\infty}X_n\right)^\circ=\varnothing.$$

证明　令 $O_n=X_n^c$，则 O_n 为开集且 O_n 在 X 中稠密. 由 O_1 稠密，则对任意的开球 $B(x_1,\delta_1)$ 满足 $O_1\cap B(x_1,\delta_1)\neq\varnothing$，由 $O_1\cap B(x_1,\delta_1)$ 为开集，则存在 $B(x_2,\delta_2)$，$\delta_2<\dfrac{1}{2}$，使得

$$\overline{B(x_2,\delta_2)} \subset B(x_1,\delta_1) \cap O_1,$$

由 O_2 稠密，则 $O_2 \cap B(x_2,\delta_2) \neq \varnothing$，以此类推，对 $\forall n \in \mathbf{N}_+$，存在 $B(x_n,\delta_n)$ 满足

$$\delta_n < \frac{1}{n} \text{ 且} \overline{B(x_{n+1},\delta_{n+1})} \subset B(x_n,\delta_n) \cap O_n,$$

则由引理 5.4，可知

$$\text{存在 } x \in \bigcap_{n=1}^{\infty} \overline{B(x_n,\delta_n)} \subset B(x_1,\delta_1),$$

故

$$\bigcap_{n=1}^{\infty} O_n \cap B(x_1,\delta_1) \neq \varnothing,$$

从而 $\bigcap_{n=1}^{\infty} O_n$ 是 X 的稠密子集.

由于

$$\bigcup_{n=1}^{\infty} X_n = \left(\bigcap_{n=1}^{\infty} O_n\right)^c,$$

可知

$$\left(\bigcup_{n=1}^{\infty} X_n\right)^\circ = \varnothing.$$

推论(Baire 定理的常用形式)　设 (X,d) 为完备度量空间，X_n 为 (X,d) 中的闭集. 若

$$X = \bigcup_{n=1}^{\infty} X_n,$$

则存在 $n_0 \in \mathbf{N}_+$，使得

$$X_{n_0}^\circ \neq \varnothing.$$

注　上述推论的形式用得会更多.

定义 5.1(压缩映射)　设 (X,d) 为度量空间，$T: X \to X$ 满足对 $\forall x, y \in X$，均有

$$d(Tx,Ty) \leqslant \theta d(x,y) \quad (0 < \theta < 1),$$

则称 T 为 X 上的压缩映射.

注　不难发现，T 是 Lipschitz 连续的.

定理 5.12(Banach 不动点定理)　设 (X,d) 为完备度量空间，T 为 X 上的压缩映射，则 T 在 X 上存在唯一不动点，即存在唯一的 $x \in X$，使得

$$T(x) = x.$$

证明　唯一性. 假设存在 x_1, x_2 使得

$$T(x_1) = x_1, T(x_2) = x_2,$$

则

$$d(x_1,x_2)=d(T(x_1),T(x_2))\leqslant \theta d(x_1,x_2),$$

则必有 $d(x_1,x_2)=0$,即 $x_1=x_2$.

存在性. 取 $x_0\in X$,且令

$$x_{n+1}=T(x_n)\quad (n\geqslant 0),$$

则

$$d(x_{n+1},x_n)\leqslant \theta d(x_n,x_{n-1})\leqslant \theta^n d(x_1,x_0)=M\theta^n,$$

其中 $M=d(x_1,x_0)$,故

$$d(x_n,x_m)\leqslant \sum_{j=m+1}^{n} d(x_j,x_{j-1})\leqslant M\sum_{j=m+1}^{n}\theta^{j-1}\leqslant \frac{M\theta^m}{1-\theta}.$$

由于

$$\lim_{m\to+\infty}\frac{M\theta^m}{1-\theta}=0,$$

则对 $\forall\varepsilon>0$,存在 $N>0$,使得当 $n>m>N$ 时,有

$$d(x_n,x_m)\leqslant \frac{M\theta^m}{1-\theta}<\varepsilon,$$

故由完备性可知,$\{x_n\}_{n=1}^{\infty}$ 收敛. 记 $x_n\to x\in X$,则由

$$x=\lim_{n\to+\infty}x_n=\lim_{n\to+\infty}T(x_{n-1})=T(x)\text{(由 } T \text{ 的连续性)},$$

故 x 为 T 的不动点.

注　上述证明过程中,不论 x_0 的选取如何,按上述方式定义的 x_n 都会收敛到这个唯一的 x.

例 11　已知函数 $f\in C^1[0,1]$ 且 $|f'|\leqslant\theta<\frac{1}{2}$,证明:方程

$$f(x)=\frac{1}{2}\sin x-x$$

有唯一解.

证明　令

$$g(x)=\frac{1}{2}\sin x-f(x),$$

方程 $f(x)=\frac{1}{2}\sin x-x$ 有唯一解等价于 $g(x)=x$ 有唯一解,即证明 g 有唯一不动点.

由

$$
\begin{aligned}
|g(x_1)-g(x_2)| &\leqslant \left|\frac{1}{2}\sin x_1-\frac{1}{2}\sin x_2\right|+|f(x_1)-f(x_2)| \\
&=\frac{1}{2}|\cos\zeta||x_1-x_2|+|f'(\eta)||x_1-x_2| \\
&\leqslant \left(\frac{1}{2}+\theta\right)|x_1-x_2|,
\end{aligned}
$$

则 g 为压缩映射，故 g 存在唯一不动点，即方程

$$f(x)=\frac{1}{2}\sin x-x$$

有唯一解.

习题 5

1. 设 $p=\{a_n\}_{n=1}^{\infty}\in \mathbf{R}^{\infty}$，$q=\{b_n\}_{n=1}^{\infty}\in \mathbf{R}^{\infty}$，定义

$$\rho(p,q)=\sum_{k=1}^{\infty}\frac{1}{2^k}\cdot\frac{|a_k-b_k|}{1+|a_k-b_k|}.$$

证明：ρ 是 $\mathbf{R}^{\infty}$ 上的度量.

2. 证明例 10 中定义的 $d_p(1\leqslant p\leqslant\infty)$ 都是度量.

3. 定义

$$Y=\{\{a_n\}_{n=1}^{\infty}: a_n\in\mathbf{R}\text{ 且只有有限个不为零}\}.$$

设 $p=\{a_n\}_{n=1}^{\infty}\in Y$，$q=\{b_n\}_{n=1}^{\infty}\in Y$，定义

$$d(p,q)=\sup_{k\geqslant 1}|a_k-b_k|.$$

证明：d 是 Y 上的度量.

4. 设 (X,d) 为一个度量空间，对 $\forall x,y\in X$，定义

$$d_1(x,y)=\frac{d(x,y)}{1+d(x,y)};$$

$$d_2(x,y)=\min\{d(x,y),1\}.$$

证明：

(1) d_1 是 X 上的度量.

(2) d_2 是 X 上的度量.

(3)d, d_1, d_2 等价.

5.(Hausdorff 度量)设 $A \subset \mathbf{R}^2, B \subset \mathbf{R}^2$,定义

$$d_H(A, B) = \inf\{r > 0 : A \subset U_r(B) \text{ 且 } B \subset U_r(A)\},$$

其中 $U_r(B) = \{a : d(a, B) < r\}, U_r(A) = \{b : d(b, A) < r\}$,设

$$\mathfrak{M} = \{C : C \subset \mathbf{R}^2 \text{ 为非空有界闭集}\}.$$

证明:d_H 为 $\mathfrak{M}$ 上的度量(称为 Hausdorff 度量).

第 6 章　可数性

6.1　第一可数空间

定义 6.1（第一可数空间）　设$(X,\mathscr{T})$为拓扑空间. 若对 $\forall p \in X$，p 处存在可数局部基 $\mathscr{B}_p$，则称$(X,\mathscr{T})$为第一可数空间.

例 1（第一可数空间）　证明：

(1) 任何度量空间(X,d)为第一可数空间.

(2) 任意离散拓扑空间$(X,\mathscr{D})$为第一可数空间.

证明　(1) 容易验证 $\mathscr{B}_p=\left\{B\left(p,\frac{1}{n}\right) \Big| n \in \mathbf{N}_+\right\}$ 为 p 处的可数局部基.

(2) 容易验证 $\mathscr{B}_p=\{\{p\}\}$ 为 p 处的可数局部基.

定理 6.1（单调下降可数局部基）　设$(X,\mathscr{T})$为第一可数空间，$p \in X$，则 p 处存在可数局部基

$$\mathscr{B}_p=\{B_1,B_2,\cdots,B_n,\cdots\}$$

使得

$$B_1 \supset B_2 \supset \cdots \supset B_n \supset \cdots.$$

证明　由$(X,\mathscr{T})$为第一可数空间知，p 处存在可数局部基

$$\widetilde{\mathscr{B}_p}=\{\widetilde{B_n} \mid n \in \mathbf{N}_+\}$$

令

$$B_n=\widetilde{B_1} \cap \widetilde{B_2} \cap \cdots \cap \widetilde{B_n},n \in \mathbf{N}_+,$$

则

$$\mathscr{B}_p=\{B_1,B_2,\cdots,B_n,\cdots\}$$

是 p 处的可数局部基且

$$B_1 \supset B_2 \supset \cdots \supset B_n \supset \cdots.$$

定理 6.2 设$(X,\mathscr{T})$为第一可数空间,$A\subset X$,则

$$p\in A'\Leftrightarrow \text{存在}\{p_n\}_{n=1}^{\infty}\subset A,\text{使得 } p_n\neq p,\ p_n\xrightarrow{n\to+\infty}p.$$

证明 充分性显然.

下证必要性.

由$(X,\mathscr{T})$为第一可数空间知,p 处存在可数局部基 $\mathscr{B}_p=\{B_n \mid n\in\mathbf{N}_+\}$,使得

$$B_1\supset B_2\supset\cdots\supset B_n\supset\cdots,$$

于是,

$$\begin{aligned}p\in A' &\Rightarrow B_n\cap(A\setminus\{p\})\neq\varnothing,\ n\in\mathbf{N}_+\\ &\Rightarrow \text{存在 } p_n\in B_n\cap(A\setminus\{p\}),\ n\in\mathbf{N}_+\\ &\Rightarrow \text{序列}\{p_n\}_{n=1}^{\infty}\subset A\text{ ,使得 } p_n\neq p,\ p_n\xrightarrow{n\to+\infty}p.\end{aligned}$$

注 在一般拓扑空间里,充分性也成立,但必要性不一定成立,这时需要引进网的概念来等价刻画聚点.具体请参见[3].

定理 6.3 设$(X,\mathscr{T})$为第一可数空间,$(Y,\mathscr{T}^*)$为拓扑空间,$p\in X$,则

$$f:X\to Y\text{ 在 } p \text{ 处连续}\Leftrightarrow f\text{ 在 } p \text{ 处序列连续}.$$

证明 必要性参见定理 4.6.

下证充分性.由$(X,\mathscr{T})$为第一可数空间知,p 处存在可数局部基

$$\mathscr{B}_p=\{B_1,B_2,\cdots,B_n,\cdots\}$$

使得

$$B_1\supset B_2\supset\cdots\supset B_n\supset\cdots,$$

从而

$$\begin{aligned}&f\text{ 在 } p \text{ 处不连续}\\ \Rightarrow\ &\text{存在 } V \text{ 为 } f(p) \text{ 在 } Y \text{ 中的开邻域,使得 } f(B_n)\not\subset V,\ n\in\mathbf{N}_+\\ \Rightarrow\ &\text{存在点列}\{p_n\},\text{使得 } p_n\in B_n,\ f(p_n)\notin V,\ n\in\mathbf{N}_+\\ \Rightarrow\ &p_n\xrightarrow{n\to+\infty}p,\text{但 } f(p_n)\not\to f(p).\end{aligned}$$

这与 f 在 p 处序列连续相矛盾.

6.2 第二可数空间

定义 6.2(第二可数空间) 若拓扑空间$(X,\mathscr{T})$存在可数基,则称其为第二可数

空间.

定理 6.4（**第一可数与第二可数的关系**）

(1)$(X,\mathscr{T})$ 为第二可数空间 $\Rightarrow(X,\mathscr{T})$ 为第一可数空间.

(2)$(X,\mathscr{T})$ 为第一可数空间 $\not\Rightarrow(X,\mathscr{T})$ 为第二可数空间.

证明　(1) 设 $\mathscr{B}$ 为 $(X,\mathscr{T})$ 的可数基,则对 $\forall p\in X$,$\mathscr{B}_p=\{B\in\mathscr{B}\mid p\in B\}$ 为 p 处的一个可数局部基.

(2) 离散拓扑空间 $(\mathbf{R},\mathscr{D})$ 是第一可数空间,但不是第二可数空间.

例 2　证明:$(\mathbf{R}^n,\mathscr{U})$ 是第二可数空间.

证明　令

$$\mathscr{B}=\{B(p,1/k):p\in\mathbf{Q}^n,k\in\mathbf{N}_+\},$$

容易验证 $\mathscr{B}$ 为 $(\mathbf{R}^n,\mathscr{U})$ 的一个可数基,因此,$(\mathbf{R}^n,\mathscr{U})$ 是第二可数空间.

6.3　Lindelöf 空间

定义 6.3（**覆盖**）　设 $A\subset X$,$\mathscr{A}$ 为 X 的一个子集族.

(1) 如果

$$A\subset\bigcup_{G\in\mathscr{A}}G,$$

则称 $\mathscr{A}$ 为 A 的一个覆盖; 进一步,如果 $\mathscr{A}$ 中的每个元素都为 X 中的开集,则称 $\mathscr{A}$ 为 A 的开覆盖;

(2) 如果存在 $\mathscr{A}$ 的可数子族仍旧覆盖 A,则称 $\mathscr{A}$ 存在可数子覆盖;

(3) 如果存在 $\mathscr{A}$ 的有限子族仍旧覆盖 A,则称 $\mathscr{A}$ 存在有限子覆盖.

定义 6.4（**Lindelöf 空间**）　设 $(X,\mathscr{T})$ 为拓扑空间,若 X 的任意开覆盖存在可数子覆盖,则称 $(X,\mathscr{T})$ 为 Lindelöf 空间.

定理 6.5（**Lindelöf: 第二可数空间为 Lindelöf 空间**）　设 X 为第二可数空间,$A\subset X$,则 A 的任何开覆盖存在可数子覆盖. 特别地,$(X,\mathscr{T})$ 为 Lindelöf 空间.

证明　任取 A 的开覆盖 $\mathscr{A}\subset\mathscr{T}$,则 $A\subset\bigcup_{E\in\mathscr{A}}E$.

由 X 为第二可数空间知,X 存在可数基 $\mathscr{B}=\{B_1,B_2,\cdots,B_n,\cdots\}$.

由 $E\in\mathscr{A}\subset\mathscr{T}$ 可知存在 $\Gamma_E\subset\mathbf{N}_+$,使得 $E=\bigcup_{i\in\Gamma_E}B_i$

$$\Rightarrow\Gamma=\bigcup_{E\in\mathscr{A}}\Gamma_E\text{ 为可数集,且 }A\subset\bigcup_{E\in\mathscr{A}}\bigcup_{i\in\Gamma_E}B_i=\bigcup_{i\in\Gamma}B_i.$$

由此可知,对 $\forall i \in \Gamma$,存在 $E_i \in \mathscr{A}$,使得 $B_i \subset E_i$,从而,

$$A \subset \bigcup_{i \in \Gamma} B_i \subset \bigcup_{i \in \Gamma} E_i,$$

其中$\{E_i \in \mathscr{A} \mid i \in \Gamma\}$ 为 A 关于 $\mathscr{A}$ 的可数子覆盖.

定理 6.6 设 X 为第二可数空间,$\mathscr{B}$ 为 X 的一个基,则存在可数基 $\mathscr{B}_1 \subset \mathscr{B}$.

证明 由 X 为第二可数空间知,X 存在可数基 $\widetilde{\mathscr{B}}=\{\widetilde{B}_1,\widetilde{B}_2,\cdots,\widetilde{B}_n,\cdots\}$.

由 $\mathscr{B}$ 为 X 的一个基知,对 $\forall k \in \mathbf{N}_+$,存在 $\mathscr{A}_k \subset \mathscr{B}$,使得

$$\widetilde{B}_k = \bigcup_{B \in \mathscr{A}_k} B.$$

再由定理 6.5 知,存在可数子族 $\widetilde{\mathscr{A}}_k \subset \mathscr{A}_k$,使得

$$\widetilde{B}_k = \bigcup_{B \in \widetilde{\mathscr{A}}_k} B.$$

记

$$\mathscr{B}_1 = \bigcup_{k=1}^{\infty} \widetilde{\mathscr{A}}_k = \{B \mid B \in \widetilde{\mathscr{A}}_k, k=1,2,\cdots\},$$

则 $\mathscr{B}_1 \subset \mathscr{B}$ 为 X 的一个可数基.

6.4 可分空间

定义 6.5(可分空间) 若拓扑空间$(X,\mathscr{T})$存在可数稠密子集,即存在可数集 $A \subset X$,使得 $\overline{A}=X$,则称$(X,\mathscr{T})$为可分空间.

例 3 证明:

(1)$(\mathbf{R},\mathscr{U})$是可分空间.

(2)$(\mathbf{R},\mathscr{D})$不是可分空间.

证明 (1) 由 $\mathbf{Q}$ 可数及 $\overline{\mathbf{Q}}=\mathbf{R}$ 知,$(\mathbf{R},\mathscr{U})$是可分空间.

(2) 对任意可数集 $A \subset \mathbf{R}$,$\overline{A}=A \subsetneq \mathbf{R}$. 故$(\mathbf{R},\mathscr{D})$不是可分空间.

定理 6.7(第二可数空间为可分空间)

$$(X,\mathscr{T}) \text{ 为第二可数空间} \Rightarrow (X,\mathscr{T}) \text{ 为可分空间}.$$

证明 由 X 为第二可数空间知,X 存在可数基 $\mathscr{B}=\{B_1,\cdots,B_n,\cdots\}$.

取 $p_n \in B_n$,$n \in \mathbf{N}_+$,令 $A=\{p_1,p_2,\cdots,p_n\cdots\}$,下证 $\overline{A}=X$.

对 $\forall x \in X$,任取 x 的开邻域 $U \in \mathscr{T}$,则存在 $B_i \in \mathscr{B}$,使得

$$U \cap A \supset B_i \cap A \supset \{p_i\} \neq \varnothing,$$

即 $x \in \overline{A}$.

由 x 的任意性知，有 $X \subset \overline{A} \subset X$，从而 $\overline{A} = X$，这说明 A 为 X 的可数稠密子集，故 X 可分.

例 4（可分空间不一定为第二可数空间） $\mathbf{R}$ 上的下限拓扑空间$(\mathbf{R},\mathscr{T}_l)$是可分空间，但不是第二可数空间.

证明　先证明$(\mathbf{R},\mathscr{T}_l)$是可分空间.

对 $\forall x \in \mathbf{R}$，对任何 x 的开邻域 U_x，

$$\text{存在}[a,b) \in \mathscr{B}，\text{使得 } x \in [a,b) \subset U_x,$$

故

$$U_x \cap \mathbf{Q} \supset [a,b) \cap \mathbf{Q} \neq \varnothing,$$

即 $x \in \overline{\mathbf{Q}}$，由 x 的任意性知，$\mathbf{R} = \overline{\mathbf{Q}}$.

又 $\mathbf{Q}$ 可数，故$(X,\mathscr{T}_l)$有可数稠密子集 $\mathbf{Q}$，从而可分.

再证明$(\mathbf{R},\mathscr{T}_l)$不是第二可数空间.

假设$(\mathbf{R},\mathscr{T}_l)$是第二可数空间. $\mathscr{B} = \{[a,b) \mid a,b \in \mathbf{R}\}$ 为基，则存在可数基 $\mathscr{B}_1 \subset \mathscr{B}$.

记 $\mathscr{B}_1 = \{[a_n,b_n) \mid n \in \mathbf{N}_+)\}$，则

$$A = \bigcup_{n=1}^{\infty} \{a_n, b_n\} \text{ 可数} \Rightarrow \mathbf{R} - A \neq \varnothing.$$

取 $x_0 \in \mathbf{R} - A$，则 $x_0 \in [x_0, x_0+1) \in \mathscr{T}$. 从而

$$\text{存在}[a_n,b_n) \in \mathscr{B}_1，\text{使得 } x_0 \in [a_n,b_n) \subset [x_0, x_0+1),$$

但 $a_n \neq x_0$，故 $a_n > x_0$. 假设矛盾. 故$(\mathbf{R},\mathscr{T}_l)$不是第二可数空间.

注　容易验证$(\mathbf{R},\mathscr{T}_l)$是第一可数空间. 这说明第一可数空间未必是第二可数空间.

定理 6.8（可分度量空间为第二可数空间）

$$(X,d) \text{ 为可分空间} \Rightarrow (X,d) \text{ 为第二可数空间}.$$

证明　由(X,d)可分知，存在可数子集 A，使得 $\overline{A} = X$.

令

$$\mathscr{B} = \left\{ B\left(p, \frac{1}{n}\right) \middle| p \in A, n \in \mathbf{N}_+ \right\},$$

则 $\mathscr{B}$ 可数. 下证 $\mathscr{B}$ 为基.

即要证：任取开集U，对$\forall x\in U$，存在$B\left(p,\frac{1}{n}\right)$，使得$x\in B\left(p,\frac{1}{n}\right)\subset U$. 由$X$为度量空间知，

$$\text{存在 } B(x,\delta)\subset U, n\in \mathbf{N}_+, \text{使得} \frac{1}{n}<\frac{\delta}{2},$$

由$x\in\overline{A}$知，

$$\text{存在 } p\in A, \text{使得 } d(x,p)<\frac{1}{n},$$

则对$\forall q\in B\left(p,\frac{1}{n}\right)$，有

$$d(x,q)\leqslant d(x,p)+d(p,q)<\frac{2}{n}<\delta.$$

故$x\in B\left(p,\frac{1}{n}\right)\subset B(x,\delta)\subset U$.

注　离散度量空间$(\mathbf{R},d_0)$不是可分空间.

习题 6

1. 证明：

(1) 拓扑空间$(\mathbf{R},\mathscr{T}_l)$是第一可数空间.

(2) 拓扑空间$(\mathbf{R},\mathscr{T}_l)$不是第二可数空间.

(3) 拓扑空间$(\mathbf{R},\mathscr{T}_l)$是 Lindelöf 空间.

(4) 拓扑空间$(\mathbf{R},\mathscr{T}_l)$是可分空间.

2. 证明：拓扑空间$(X,\mathscr{T})$是第二可数空间$\Leftrightarrow(X,\mathscr{T})$有一个可数子基.

3. 设$(X,\mathscr{T})$是第二可数空间，$\mathscr{A}$是它的一个开集族，且$\mathscr{A}$中的任何两个集合相交为空. 证明：$\mathscr{A}$是可数的.

4. (Sorgenfrey Plane) 设

$$\mathscr{B}=\{[a,b)\times[c,d): a<b, c<d\}$$

为$\mathbf{R}^2$的一个子集族，$\mathscr{T}$为$\mathbf{R}^2$上由$\mathscr{B}$生成的拓扑. 证明：

(1) $(\mathbf{R}^2,\mathscr{T})$是可分空间.

(2) $(\mathbf{R}^2,\mathscr{T})$是第一可数空间.

(3) 若 $A=\{(x,y)\in \mathbf{R}^2: x+y=0\}$，则子空间 $(A,\mathcal{T}_A)$ 是离散拓扑空间.

(4) $(\mathbf{R}^2,\mathcal{T})$ 不是 Lindelöf 空间，因此也不是第二可数空间.

5. 定义遗传性. 若

拓扑空间 X 具有性质 $P\Rightarrow X$ 的任意子拓扑空间也具有性质 P，

则称性质 P 是可遗传的(也称性质 P 具有遗传性).

请问：第一可数、第二可数、Lindelöf、可分是否具有遗传性？

6. 证明：

(1) $(X,\mathcal{T})$ 和 $(Y,\mathcal{T}^*)$ 为 A_1 空间 $\Rightarrow$ 乘积空间 $(X\times Y,\mathcal{T}\times\mathcal{T}^*)$ 也为 A_1 空间.

(2) $(X,\mathcal{T})$ 和 $(Y,\mathcal{T}^*)$ 为 A_2 空间 $\Rightarrow$ 乘积空间 $(X\times Y,\mathcal{T}\times\mathcal{T}^*)$ 也为 A_2 空间.

(3) $(X,\mathcal{T})$ 和 $(Y,\mathcal{T}^*)$ 为 Lindelöf 空间 $\not\Rightarrow$ 乘积空间 $(X\times Y,\mathcal{T}\times\mathcal{T}^*)$ 为 Lindelöf 空间.

(4) $(X,\mathcal{T})$ 和 $(Y,\mathcal{T}^*)$ 为可分空间 $\Rightarrow$ 乘积空间 $(X\times Y,\mathcal{T}\times\mathcal{T}^*)$ 也为可分空间.

第7章　分离性

7.1　T_1 空间

定义 7.1(T_1 空间)　设$(X,\mathscr{T})$为拓扑空间. 若对 $\forall a,b \in X, a \neq b$,存在开集$G$,$H$,使得

$$a \in G, b \notin G \text{ 且 } b \in H, a \notin H,$$

则称$(X,\mathscr{T})$为 T_1 空间.

定理 7.1(T_1 空间的等价刻画)　拓扑空间$(X,\mathscr{T})$为 T_1 空间 $\Leftrightarrow \{p\}$ 为闭集,对 $\forall p \in X$.

证明　先证必要性.

$$\begin{aligned}
&(X,\mathscr{T}) \text{ 为 } T_1 \text{ 空间} \\
&\Rightarrow \text{对 } \forall q \neq p, \text{存在开集 } G_q, \text{使得 } q \in G_q, p \notin G_q \\
&\Rightarrow \{p\}^c = \bigcup_{q \in \{p\}^c} G_q \in \mathscr{T} \\
&\Rightarrow \{p\} \text{ 为闭集.}
\end{aligned}$$

再证充分性. 对 $\forall a,b \in X, a \neq b$,令

$$G = \{b\}^c, H = \{a\}^c$$

即可.

推论(余有限拓扑是使 X 成为 T_1 空间的最小拓扑)　拓扑空间$(X,\mathscr{T})$为 T_1 空间 $\Leftrightarrow \mathscr{T}$包含 X 上的余有限拓扑,即

$$\mathscr{T}_f \subset \mathscr{T}.$$

证明　先证必要性. 任取 $U \in \mathscr{T}_f$.

(i) 若 $U = \varnothing$,则由拓扑定义知 $U \in \mathscr{T}$.

(ii) 若 $U \neq \varnothing$,则由 $U \in \mathscr{T}_f$ 知, $U^c < \infty$. 再由定理 7.1 知,U^c 为$(X,\mathscr{T})$中的闭集. 从而 $U \in \mathscr{T}$.

再证充分性.

$$p \in X \Rightarrow \{p\}^c \in \mathscr{T}_f \subset \mathscr{T}$$
$$\Rightarrow \{p\} \text{ 为 } (X,\mathscr{T}) \text{ 中的闭集.}$$

由定理 7.1 知,$(X,\mathscr{T})$ 为 T_1 空间.

例 1(T_1 空间)　证明:

(1) 任意度量空间(X,d)是 T_1 空间.

(2) 若 $X=\{a,b\}$,$\mathscr{T}=\{X,\varnothing,\{a\}\}$,则$(X,\mathscr{T})$不是 T_1 空间.

证明　(1) 对 $\forall a,b \in X, a \neq b$,有 $\delta := d(a,b) > 0$. 取

$$G = B(a,\delta/2), H = B(b,\delta/2),$$

则 G,H 为(X,d)中的开集,并满足

$$a \in G, b \notin G \text{ 且 } b \in H, a \notin H.$$

由定义知,(X,d)为 T_1 空间.

(2) 由定理 7.1 的推论可得.

7.2　T_2 空间

定义 7.2(T_2 空间(Hausdorff 空间))　设$(X,\mathscr{T})$为拓扑空间. 若对 $\forall a,b \in X$, $a \neq b$ 存在开集 G,H 使得

$$a \in G, b \in H, \text{且 } G \cap H = \varnothing,$$

则称$(X,\mathscr{T})$为 **T_2 空间**(或 Hausdorff 空间).

例 2(T_2 空间)　证明:

(1) 任意度量空间(X,d)是 T_2 空间.

(2) 拓扑空间$(\mathbf{R},\mathscr{T}_f)$不是 T_2 空间.

证明　(1) 对 $\forall a,b \in X, a \neq b$,有 $\delta := d(a,b) > 0$. 取

$$G = B(a,\delta/2), H = B(b,\delta/2),$$

则 G,H 为(X,d)中的开集,并满足

$$a \in G, b \in H, \text{且 } G \cap H = \varnothing.$$

由定义知,(X,d)为 T_2 空间.

(2)(反证) 若不然,$\forall a,b \in X, a \neq b$,存在开集 G,H,使得

$$a \in G, b \in H, \text{且} G \cap H = \varnothing,$$

则 $\mathbf{R} = (G \cap H)^c = G^c \cup H^c$ 为有限集,矛盾.

注(T_1 与 T_2 的关系) (1)$T_2 \Rightarrow T_1$. 由定义立知.

(2)$T_1 \nRightarrow T_2$. 反例:$(\mathbf{R}, \mathscr{T}_f)$.

定理 7.2(极限的唯一性) 若$(X, \mathscr{T})$为 Hausdorff 空间,则 X 中的任意收敛序列的极限是唯一的.

证明 (反证)假设存在 X 中的序列$\{a_n\}_{n=1}^{\infty}$,使得

$$a_n \xrightarrow{n \to +\infty} a, a_n \xrightarrow{n \to +\infty} b, \text{但} a \neq b.$$

由$(X, \mathscr{T})$为 Hausdorff 空间知,存在 $G, H \in \mathscr{T}$,使得

$$a \in G, b \in H, \text{且} G \cap H = \varnothing.$$

由序列收敛的定义知,存在 $N_1, N_2 \in \mathbf{N}_+$,使得

$$\text{当} n > N_1 \text{时}, a_n \in G; \text{当} n > N_2 \text{时}, a_n \in H.$$

取 $N = N_1 + N_2$,则当 $n > N$ 时,

$$a_n \in G \cap H,$$

这与 $G \cap H = \varnothing$ 矛盾.

定理 7.3 若$(X, \mathscr{T})$为第一可数空间,则

$$X \text{ 中任意收敛序列的极限唯一} \Rightarrow X \text{ 为 Hausdorff 空间}.$$

证明 对 $\forall a \neq b$,由$(X, \mathscr{T})$第一可数知:

(1) 存在 a 处的可数局部基 $\mathscr{B}_a = \{G_1, G_2, \cdots, G_n, \cdots\}$,使得

$$G_1 \supset G_2 \supset \cdots \supset G_n \supset \cdots;$$

(2) 存在 b 处的可数局部基 $\mathscr{B}_b = \{H_1, H_2, \cdots, H_n, \cdots\}$,使得

$$H_1 \supset H_2 \supset \cdots \supset H_n \supset \cdots.$$

断言:存在 $n_0 \in \mathbf{N}_+$,使得 $G_{n_0} \cap H_{n_0} = \varnothing$. 从而$(X, \mathscr{T})$为 Hausdorff 空间.

(反证)若不然,则 $G_n \cap H_n \neq \varnothing, n \in \mathbf{N}_+$. 取

$$a_n \in G_n \cap H_n, n \in \mathbf{N}_+,$$

则序列$\{a_n\}$满足

$$a_n \xrightarrow{n \to +\infty} a, a_n \xrightarrow{n \to +\infty} b, \text{但} a \neq b.$$

这与 X 中任意收敛序列的极限唯一相矛盾.

注　条件“第一可数”不可去掉. 反例:$(\mathbf{R},\mathscr{T}_c)$.

7.3　正则空间与 T_3 空间

定义 7.3(正则空间和 T_3 空间)

(1) 设$(X,\mathscr{T})$为拓扑空间,若对 X 中任意非空闭集 F 及点 $p\notin F$,存在不相交开集 G,H,使得

$$F\subset G,p\in H,$$

则称拓扑空间$(X,\mathscr{T})$为正则空间.

(2) 既是正则空间又是 T_1 空间的拓扑空间称为 T_3 空间.

定理 7.4(正则空间的等价描述)　$(X,\mathscr{T})$为正则空间当且仅当

$$p\in U\in\mathscr{T}\Rightarrow \text{存在} V\in\mathscr{T},\text{使得 } p\in V\subset\overline{V}\subset U.$$

证明　先证必要性.

$$\begin{aligned}p\in U\in\mathscr{T}\Rightarrow F:=U^c&\text{为闭集且 } p\notin F\\&\Rightarrow \text{存在不交开集 } V,W,\text{使得 } p\in V,F\subset W\\&\Rightarrow p\in V\subset W^c\subset F^c=U\\&\Rightarrow p\in V\subset\overline{V}\subset W^c\subset U.\end{aligned}$$

再证充分性.

$$\begin{aligned}F\text{ 为闭集},p\notin F\Rightarrow p\in F^c&=:U\in\mathscr{T}\\&\Rightarrow \text{存在} V\in\mathscr{T},\text{使得 } p\in V\subset\overline{V}\subset U\\&\Rightarrow p\in V\in\mathscr{T},F=U^c\subset(\overline{V})^c=:W\in\mathscr{T}\text{且 } V\cap W=\varnothing.\end{aligned}$$

由定义知,$(X,\mathscr{T})$为正则空间.

例 3(正则空间和 T_3 空间)　证明:

(1) 任意度量空间(X,d)为 T_3 空间.

(2) 令 $X=\{a,b,c\}$,

$$\mathscr{T}=\{X,\varnothing,\{a\},\{b,c\}\},$$

则拓扑空间$(X,\mathscr{T})$是正则空间,不是 T_1 空间,从而不是 T_3 空间.

证明　(1) 对 X 中非空闭集闭集及点 $p\notin F$,有

$$\delta:=d(p,F)>0.$$

令 $G:=B(p,\delta/2)$，$H:=\bigcup\limits_{q\in F}B(q,\delta/2)$，则 G 与 H 为开集，且

$$G\cap H=\varnothing,p\in G,F\subset H.$$

故 (X,d) 为正则空间．再由 (X,d) 为 T_1 空间知，(X,d) 为 T_3 空间．

(2) 的证明留作习题．

注（T_2 与 T_3 的关系）

(1) $T_3\Rightarrow T_2$．由定义立知．

(2) $T_2\not\Rightarrow T_3$．反例：请考虑第 3 章例 3(2)．

7.4　正规空间与 T_4 空间

定义 7.4（正规空间和 T_4 空间）

(1) 设 $(X,\mathscr{T})$ 为拓扑空间，若对 X 中任意不交闭集 F_1，F_2，存在不相交开集 G，H，使得

$$F_1\subset G,F_2\subset H,$$

则称拓扑空间 $(X,\mathscr{T})$ 为正规空间．

(2) 既是正规空间又是 T_1 空间的拓扑空间称为 T_4 空间．

定理 7.5（正规空间的等价描述）　$(X,\mathscr{T})$ 为正规空间当且仅当

F 为闭集，U 为开集，$F\subset U\Rightarrow$ 存在开集 G，使得 $F\subset G\subset\overline{G}\subset U$．

证明　先证必要性．

F 为闭集，U 为开集，$F\subset U\Rightarrow F,F_1:=U^c$ 为闭集且 $F\cap F_1=\varnothing$

$\Rightarrow$ 存在不交开集 G,H，使得 $F\in G,F_1\subset H$

$\Rightarrow F\in G\subset H^c\subset F_1^c=U$

$\Rightarrow F\in G\subset\overline{G}\subset H^c\subset U.$

再证充分性．

F_1,F_2 为不交闭集 $\Rightarrow F_1$ 闭集，$U:=F_2^c$ 为开集且 $F_1\subset U$

$\Rightarrow$ 存在 $G\in\mathscr{T}$，使得 $F_1\in G\subset\overline{G}\subset U$

$\Rightarrow F_1\in G\in\mathscr{T},F_2=U^c\subset(\overline{G})^c=:H\in\mathscr{T}$ 且 $G\cap H=\varnothing.$

由定义知，$(X,\mathscr{T})$ 为正规空间．

例 4(正规空间和 T_4 空间)　证明：

(1) 任意度量空间(X,d)为 T_4 空间.

(2) 令 $X=\{a,b,c\}$,

$$\mathscr{T}=\{X,\varnothing,\{a\},\{b\},\{a,b\}\},$$

则拓扑空间$(X,\mathscr{T})$是正规空间,不是 T_1 空间,因此也不是 T_4 空间.

证明　(1) 我们只需证明(X,d)为正规空间.

(ⅰ) 若 $F_1=\varnothing$ 或 $F_2=\varnothing$,结论显然.

(ⅱ) 若 F_1,F_2 为非空不交闭集,定义连续映射 $f:(X,d)\to\mathbf{R}$,

$$f(x)=\frac{d(x,F_1)}{d(x,F_1)+d(x,F_2)},$$

则 $G:=f^{-1}(-\infty,1/2)\in\mathscr{T}$, $H:=f^{-1}(1/2,+\infty)\in\mathscr{T}$满足

$$F_1\subset G,F_2\subset H,G\cap H=\varnothing.$$

由定义知,(X,d)为正规空间.

(2) 的证明留作习题.

注(T_3 与 T_4 的关系)

(1)$T_4\Rightarrow T_3$. 由定义立知.

(2)$T_3\not\Rightarrow T_4$. 反例:请考虑习题 6 第 4 题.

习题 7

1. 证明:T_1 空间中的任何一个子集的导集都是闭集.
2. 设 X 是一个拓扑空间. 证明:X 是 Haudorff 空间 $\Leftrightarrow$ 乘积空间的对角线 $\Delta=\{(x,x)\in X\times X\mid x\in X\}$ 是一个闭集.
3. 设$(X,\mathscr{T})$是一个正则空间,$x\in X$,F 是 X 中的一个闭集,使得 $x\notin F$. 证明:分别存在 x 和 F 的开邻域 U 和 V 使得 $\overline{U}\cap\overline{V}=\varnothing$.
4. 设$(X,\mathscr{T})$是一个正规空间,A 和 B 是 X 中的两个闭集,使得 $A\cap B=\varnothing$. 证明:分别存在 A 和 B 开邻域 U 和 V 使 $\overline{U}\cap\overline{V}=\varnothing$.
5. 设 X 为不可数集. 证明:余可数拓扑空间$(X,\mathscr{T}_c)$

   (1) 是 T_1 空间;

(2) 不是 T_2 空间;

(3) 不是 T_3 空间;

(4) 不是 T_4 空间.

6. 设 X 为无限集. 证明:余有限拓扑空间$(X,\mathscr{T}_f)$

(1) 是 T_1 空间;

(2) 不是 T_2 空间;

(3) 不是 T_3 空间;

(4) 不是 T_4 空间.

7. 证明:下限拓扑空间$(\mathbf{R},\mathscr{T}_l)$

(1) 是 T_1 空间;

(2) 是 T_2 空间;

(3) 是 T_3 空间;

(4) 是 T_4 空间.

8. 设 X 为无限集. 证明:余有限拓扑空间$(X,\mathscr{T}_f)$ 上的任何连续函数均为常值函数.

第 8 章　Urysohn 引理与 Tietze 扩张定理

8.1　Urysohn 引理

定理 8.1（Urysohn 引理）　设 $(X, \mathscr{T})$ 是一个正规空间，A, B 是 X 中的非空不交闭集，则存在连续映射

$$f: X \to [0,1],$$

使得

$$f(A)=\{0\}, f(B)=\{1\}.$$

证明　(1) 构造开集族. 由 A, B 是 X 中的非空不交闭集及 $(X, \mathscr{T})$ 为正规空间知，存在开集 $G_{\frac{1}{2}}$，使得

$$A \subset G_{\frac{1}{2}} \subset \overline{G_{\frac{1}{2}}} \subset B^c.$$

再由 $(X, \mathscr{T})$ 为正规空间知，存在开集 $G_{\frac{1}{4}}$ 和 $G_{\frac{3}{4}}$，使得

$$A \subset G_{\frac{1}{4}} \subset \overline{G_{\frac{1}{4}}} \subset G_{\frac{1}{2}} \subset \overline{G_{\frac{1}{2}}} \subset G_{\frac{3}{4}} \subset \overline{G_{\frac{3}{4}}} \subset B^c.$$

继续上述过程，可得到开集族

$$\{G_t : t \in D\},$$

其中 $D=\left\{\frac{k}{2^n} : 1 \leqslant k < 2^n, n \in \mathbf{N}_+\right\}$，满足

$$G_{t_1} \subset G_{t_2}, t_1, t_2 \in D, t_1 < t_2.$$

构造函数. 定义

$$f(x)=\begin{cases}\inf\{t : x \in G_t\}, & 若\ x \notin B \\ 1, & 若\ x \in B.\end{cases}$$

显然，$f(X) \subset [0,1]$，$f(B)=\{1\}$.

由 $A \subset G_t, t \in D$ 知，$f(A)=\{0\}$.

(2) 证明 f 连续. $\{[0,a) : 0 < a < 1\} \cup \{(b,1] : 0 < b < 1\}$ 为拓扑空间$[0,1]$

的一个子基.

对 $0 < a < 1$,有

$$f^{-1}([0,a)) = \bigcup_{t<a} G_t \in \mathscr{T}.$$

对 $0 < b < 1$,有

$$f^{-1}((b,1]) = \bigcup_{t>b} \overline{G}_t^c \in \mathscr{T}.$$

因此,f 连续.

定理 8.2(Urysohn 引理的一般表述)　设$(X,\mathscr{T})$是一个正规空间,A,B是X中的非零不交闭集,则存在连续映射

$$f: X \to [a,b]$$

使得

$$f(A)=\{a\}, f(B)=\{b\}.$$

定理 8.3(Urysohn 引理的逆定理)　若对$(X,\mathscr{T})$中的任意非空不交闭集A,B,存在连续映射

$$f: X \to [0,1]$$

使得

$$f(A)=\{0\}, f(B)=\{1\}.$$

则$(X,\mathscr{T})$是一个正规空间.

证明　由定理条件知,

$$G := f^{-1}\left(\left[0,\frac{1}{2}\right)\right) \in \mathscr{T}, H := f^{-1}\left(\left(\frac{1}{2},1\right]\right) \in \mathscr{T}$$

且

$$A \subset G, B \subset H, G \cap H = \varnothing.$$

故$(X,\mathscr{T})$是一个正规空间.

定理 8.4(Urysohn 引理:度量空间情形)　设(X,d)是一个度量空间,A,B是X中的非空不交闭集,则存在连续映射

$$f: X \to [0,1]$$

使得

$$f(A)=\{0\}, f(B)=\{1\}.$$

证明 令

$$f(x)=\frac{d(x,A)}{d(x,A)+d(x,B)}$$

即可.

8.2 完全正则空间与 $T_{3\frac{1}{2}}$ 空间

定义 8.1(完全正则空间与 $T_{3\frac{1}{2}}$ 空间)

(1) 设$(X,\mathscr{T})$为拓扑空间,如果

F 为闭集,$p\notin F\Rightarrow$ 存在 $f\in C(X,[0,1])$,使得 $f(p)=0,f(F)=\{1\}$,

则称$(X,\mathscr{T})$为完全正则空间.

(2)$T_{3\frac{1}{2}}=T_1+$完全正则.

注 (1) 完全正则 $\Rightarrow$ 正则;(2)$T_{3\frac{1}{2}}\Rightarrow T_3$.

8.3 可度量化定理

定理 8.5(Urysohn 度量化定理) 设$(X,\mathscr{T})$为第二可数的 T_3 空间,则$(X,\mathscr{T})$可度量化.

定理 8.6(Nagata-Smirnov 度量化定理) 设$(X,\mathscr{T})$可度量化$\Leftrightarrow(X,\mathscr{T})$为 T_3 空间且有一个可数局部有限的基.

8.4 Tietze 扩张定理

定理 8.7(Tietze 扩张定理:有界情形) 设 A 是正规空间$(X,\mathscr{T})$中的非空闭集,且有连续映射

$$f:A\to[0,1]$$

则存在连续映射

$$F:X\to[0,1]$$

使得$F|_A=f$.

证明 令

$$B=f^{-1}([0,1/3]),C=f^{-1}([2/3,1]),$$

则 B,C 为 A 中的闭集，又 A 为 X 中的闭集，故 B,C 为也为 X 中的闭集. 显然，B,C 为不交闭集，由 Urysohn 引理知，存在连续映射

$$g_1:X\to[0,1/3]$$

使得

$$g_1(B)=\{0\},g_1(C)=\{1/3\}.$$

故在 A 上有

$$0\leqslant f-g_1\leqslant\frac{2}{3}.$$

记 $f_1=f-g_1$，则 $f_1:A\to[0,2/3]$ 连续.

令

$$B_1=f_1^{-1}([0,2/3^2]),C_1=f_1^{-1}([2^2/3^2,2/3]),$$

则 B_1,C_1 为 A 中的闭集，又 A 为 X 中的闭集，故 B_1,C_1 也为 X 中的闭集. 又因 B_1,C_1 为不交闭集，由 Urysohn 引理知，存在连续映射

$$g_2:X\to[0,2/3^2]$$

使得

$$g_2(B_1)=\{0\},g_1(C_1)=\{2/3^2\}.$$

故在 A 上有

$$0\leqslant f_1-g_2=f-(g_1+g_2)\leqslant\left(\frac{2}{3}\right)^2,n\in\mathbf{N}_+.$$

依次进行下去，我们可以得到连续映射

$$g_n:X\to[0,2^{n-1}/3^n]$$

使得在 A 上有

$$0\leqslant f-\sum_{k=1}^{n}g_k\leqslant\left(\frac{2}{3}\right)^n. \tag{*}$$

再令

$$F(x)=\sum_{n=1}^{\infty}g_n(x).$$

由比较判别法知 $\sum_{n=1}^{\infty} g_n(x)$ 在 X 上一致收敛，故 F 在 X 上连续.

在(＊)式中让 $n \to +\infty$，得到 $F|_A = f$.

注(Tietze 扩张定理 ⇒Urysohn 引理)　定义

$$f(x) = \begin{cases} 0, & x \in A, \\ 1, & x \in B, \end{cases}$$

则 f 为闭集 $A \cup B$ 上的连续映射.

由 Tietze 扩张定理，存在连续映射 $F: X \to [0,1]$，使得

$$F|_{A \cup B} = f.$$

显然，F 即为满足要求的连续映射.

定理 8.8(Tietze 扩张定理：无界情形) 设 A 是正规空间 $(X, \mathscr{T})$ 中的非空闭集，$f \in C(A, \mathbf{R})$，则存在连续映射 $F \in C(X, \mathbf{R})$，使得

$$F|_A = f.$$

证明　定义 $g: \mathbf{R} \to (-\pi/2, \pi/2)$，

$$g(x) = \arctan x,$$

则 g 为同胚，从而 $g \circ f: A \to (-\pi/2, \pi/2)$ 为连续映射.

又由有界情形的 Tietze 扩张定理知，存在连续映射 $G: X \to [-\pi/2, \pi/2]$，使得

$$G|_A = g \circ f.$$

令 $B = G^{-1}(\{-\pi/2, \pi/2\})$，由 G 连续知 B 为 X 中闭集. 再由

$G(A) \subset (-\pi/2, \pi/2)$ 知

$$A \cap B = \varnothing,$$

故由 Urysohn 引理知，存在 $h \in C(X, [0,1])$，使得

$$h(A) = \{1\}, h(B) = \{0\}.$$

令

$$F = g^{-1} \circ (h \cdot G),$$

则 $F \in C(X, \mathbf{R})$，且

$$F|_A = f.$$

习题 8

1. 设 A 为 $\mathbf{R}$ 的闭子集，函数 $f: A \to [0,1]$ 连续，请用初等方法证明：存在连续函数 $F: \mathbf{R} \to [0,1]$ 使得 $F|_A = f$.

2. 请查找文献，完成定理 8.5 的证明，并了解定理 8.6 的证明.

第 9 章　连通性

9.1　连通空间

9.1.1　隔离子集

定义 9.1(隔离子集)　设 A,B 是拓扑空间 X 中的两个子集. 如果

$$A \cap \overline{B} = \varnothing \text{ 且 } \overline{A} \cap B = \varnothing,$$

则称子集 A 和 B 是隔离的.

例 1(隔离子集)　判断下列拓扑空间中的集合是否是隔离的.

(1) 在$(\mathbf{R},\mathscr{U})$中,

$$A = [-1,0), B = (0,1], C = (1,2].$$

(2) 在$(\mathbf{R},\mathscr{U})$中,

$$\mathbf{Q} \text{ 与 } A,$$

其中 A 为 $\mathbf{R}$ 中任一非空子集.

(3) 在$(\mathbf{Z},\mathscr{T}_f)$中,

$$A = 2\mathbf{Z} := \{2n : n \in \mathbf{Z}\}, B = 2\mathbf{Z} - 1 := \{2n-1 : n \in \mathbf{Z}\}.$$

(4) 在$(\mathbf{R}^2,\mathscr{U})$中,

$$A = \{(0,y) : -1 \leqslant y \leqslant 1\}, B = \{(x,y) : y = \sin(1/x), 0 < x \leqslant 1\}.$$

该例的证明留作练习.

9.1.2　连通子集

定义 9.2(不连通子集和连通子集)　设$(X,\mathscr{T})$为拓扑空间,$A \subset X$. 如果存在开集 $G,H \in \mathscr{T}$,使得

$$A \cap G \neq \varnothing, A \cap H \neq \varnothing$$

且

$$A = (A \cap G) \sqcup (A \cap H),$$

则称子集 A 不连通；否则，称子集 A 连通.

例 2（不连通子集） 请用定义验证下列拓扑空间中的集合 A 不连通.

(1) $(\mathbf{R}, \mathscr{U})$,

$$A = \mathbf{Q}.$$

(2) $(\mathbf{R}^3, \mathscr{U})$,

$$A = \{(x, y, z) : x^2 - y^2 - z^2 \geqslant 1\}.$$

证明 (1) 取开集 $G = (-\infty, \pi)$，$H = (\pi, +\infty)$，则

$$A \cap G = \{\text{所有小于 } \pi \text{ 的有理数}\}; A \cap H = \{\text{所有大于 } \pi \text{ 的有理数}\};$$

并且

$$A = (A \cap G) \sqcup (A \cap H),$$

则 A 不连通.

(2) 取开集 $G = \{(x, y, z) \mid x < 0\}$，$H = \{(x, y, z) \mid x > 0\}$，则

$$A \cap G = \{(x, y, z) \mid x \leqslant -\sqrt{y^2 + z^2 + 1}\} \neq \varnothing,$$

$$A \cap H = \{(x, y, z) \mid x \geqslant \sqrt{y^2 + z^2 + 1}\} \neq \varnothing,$$

并且

$$A = (A \cap G) \sqcup (A \cap H),$$

故 A 不连通.

定理 9.1（连通与隔离的关系） 设 $(X, \mathscr{T})$ 为拓扑空间，$A \subset X$. 则

$$A \text{ 连通} \Leftrightarrow A \text{ 不能表示成两个非空隔离子集的并}.$$

证明 充分性. 假设 A 不连通，则存在 X 中开集 G, H，使得 $A = (A \cap G) \sqcup (A \cap H)$，则

$$(A \cap G) \cap (A \cap H) = \varnothing,$$

于是 $A \cap G \cap H = \varnothing$.

假设 $(A \cap G)' \cap (A \cap H) \neq \varnothing$，任取 $x \in (A \cap G)' \cap (A \cap H)$，则 $x \in H$. 由 $x \in (A \cap G)'$，则

$$H \cap (A \cap G) \setminus \{x\} \neq \varnothing,$$

这与上述结论矛盾，故$(A \cap G)' \cap (A \cap H) = \varnothing$，且$(A \cap G) \cap (A \cap H) = \varnothing$，则

$$\overline{(A \cap G)} \cap A \cap H = \varnothing.$$

同理，

$$A \cap G \cap \overline{(A \cap H)} = \varnothing,$$

则 $A \cap G, A \cap H$ 为 X 中的非空隔离子集，矛盾. 故 A 连通.

必要性. 令 $A = B \cup C$，其中 B, C 是 X 中的非空隔离子集，则

$$\overline{B} \cap C = \varnothing, B \cap \overline{C} = \varnothing,$$

则

$$B \subset \overline{C}^c, C \subset \overline{B}^c,$$

其中 $\overline{B}^c, \overline{C}^c$ 为 X 中的开集. 令

$$G = \overline{C}^c, H = \overline{B}^c,$$

则

$$A = (A \cap G) \bigsqcup (B \cap H),$$

故 A 不连通，矛盾.

9.1.3　连通空间

定义 9.3(连通空间)　设$(X, \mathscr{T})$为拓扑空间. 如果存在非空开集 $G, H \in \mathscr{T}$，使得

$$X = G \bigsqcup H,$$

则称 X 不连通；否则，称 X 连通，称$(X, \mathscr{T})$为连通空间.

定理 9.2(连通是一个绝对性质)　设$(X, \mathscr{T})$为拓扑空间，$A \subset X$，则

$$A \text{ 相对于 } \mathscr{T} \text{ 连通} \Leftrightarrow A \text{ 相对于 } \mathscr{T}_A \text{ 连通}.$$

证明　充分性. 假设 A 相对于 $\mathscr{T}$ 不连通，则存在非空开集 $G, H \in \mathscr{T}$ 满足

$$A \cap G \neq \varnothing, A \cap H \neq \varnothing, A = (A \cap G) \bigsqcup (A \cap H).$$

令 $G_1 := A \cap G \in \mathscr{T}_A$，$H_1 := A \cap H \in \mathscr{T}_A$，则

$$A = (A \cap G_1) \bigsqcup (A \cap H_1),$$

则 A 相对于 $\mathscr{T}_A$ 不连通，矛盾！故 A 相对于 $\mathscr{T}$ 连通.

必要性. 假设 A 相对于 $\mathscr{T}_A$ 不连通，则存在非空开集 $G_1, H_1 \in \mathscr{T}_A$，满足

$$A \cap G_1 \neq \varnothing, A \cap H_1 \neq \varnothing, A = (A \cap G_1) \bigsqcup (A \cap H_1),$$

故由 $\mathscr{T}_A$ 的定义,存在 $G, H \in \mathscr{T}$,使得

$$G_1 = A \cap G, H_1 = A \cap H,$$

则

$$A = (A \cap G_1) \bigsqcup (A \cap H_1) = (A \cap G) \bigsqcup (A \cap H),$$

则 A 相对 $\mathscr{T}$ 不连通,矛盾,故 A 相对于 $\mathscr{T}$ 连通.

注 设 Y 是拓扑空间 $(X, \mathscr{T})$ 的一个子集,则

$$Y \text{ 为 } X \text{ 的连通子集} \Leftrightarrow (Y, \mathscr{T}_Y) \text{ 为连通空间},$$

换句话讲:

$$Y \text{ 为 } X \text{ 的不连通子集} \Leftrightarrow (Y, \mathscr{T}_Y) \text{ 为不连通空间}.$$

定理 9.3(不连通的几种等价说法) 设 X 是一个拓扑空间. 则下列条件等价:

(1) X 是一个不连通空间;

(2) X 中存在非空闭集 A 和 B,使得

$$X = A \bigsqcup B.$$

(3) X 中存在非空开集 A 和 B,使得

$$X = A \bigsqcup B.$$

(4) X 中存在一个既开又闭的非空真子集.

定理证明留作练习.

定理 9.4 拓扑空间 $(\mathbf{R}, \mathscr{U})$ 为连通空间.

证明 假设 $(\mathbf{R}, \mathscr{U})$ 不为连通空间,则存在非空闭集 A, B,使得

$$\mathbf{R} = A \bigsqcup B.$$

取 $a \in A, b \in B$,不妨设 $a < b$,则

$$[a, b] = (A \cap [a, b]) \bigsqcup (B \cap [a, b]) := F_1 \bigsqcup F_2,$$

则 F_1, F_2 均为有界闭集. 故存在 $p \in F_1, q \in F_2$,使得 $0 < d(p, q) = |p - q| = d(F_1, F_2)$,不妨设 $p < q$,则

$$(p, q) \cap F_1 = \varnothing, (p, q) \cap F_2 = \varnothing,$$

于是 $(p, q) \cap (F_1 \cup F_2) = \varnothing$,即 $(p, q) \cap [a, b] = \varnothing$,矛盾. 故 $(\mathbf{R}, \mathscr{U})$ 为连通空间.

9.2　连通性的性质及其应用

定理 9.5(连通子集的连续像是连通子集)　设 $f:(X,\mathscr{T})\to(Y,\mathscr{T}^*)$ 为连续映射,则

$$A\subset X \text{ 为连通子集} \Rightarrow f(A) \text{ 也为连通子集}.$$

证明　假设 $f(A)$ 不连通,则存在非空开集 $G,H\in\mathscr{T}^*$ 满足

$$f(A)\cap G\neq\varnothing, f(A)\cap H\neq\varnothing, f(A)=(f(A)\cap G)\bigsqcup(f(A)\cap H).$$

则

$$A=(A\cap f^{-1}(G))\bigsqcup(A\cap f^{-1}(H)),$$

由 f 连续,则 $f^{-1}(G),f^{-1}(H)\in\mathscr{T}$,则 A 不连通,矛盾,故 $f(A)$ 为连通子集.

注　若 $X\simeq Y$,则

$$X \text{ 连通} \Leftrightarrow Y \text{ 连通}.$$

这也说明连通是个拓扑不变性质.

定理 9.6　设$(X,\mathscr{T})$为拓扑空间,$Y\subset X$ 为连通子集.如果存在非空隔离子集 A 和 B 使得

$$Y\subset A\cup B,$$

则

$$Y\subset A \text{ 或 } Y\subset B.$$

证明　假设$(Y\cap A)$,$(Y\cap B)$均非空.由 $Y\subset A\bigsqcup B$,得

$$Y=(Y\cap A)\bigsqcup(Y\cap B),$$

由 A,B 为隔离子集,则$(Y\cap A)$与$(Y\cap B)$也为隔离子集,则 Y 不连通,矛盾,故 $Y\cap A$ 与 $Y\cap B$ 中必有一空集,即

$$Y\subset A \text{ 或 } Y\subset B.$$

定理 9.7　设$(X,\mathscr{T})$为拓扑空间,$Y\subset X$ 为连通子集,则

$$Y\subset Z\subset\overline{Y}\Rightarrow Z \text{ 也为连通子集}.$$

证明　假设 Z 不连通,则存在非空隔离子集 A,B 使得 $Y\subset Z=A\bigsqcup B$.由定理 9.6,不妨设 $Y\subset A$,则

$$\overline{Y} \subset \overline{A} \subset \overline{Z} \subset \overline{Y},$$

因此

$$\overline{A} = \overline{Z} = \overline{A \cup B} = \overline{A} \cup \overline{B},$$

则

$$B = B \cap (\overline{A} \cup \overline{B}) = B \cap \overline{A} = \varnothing,$$

矛盾,故 Z 为连通子集.

注 特别地,取 $Z=\overline{Y}$,则任何连通子集的闭包也是连通子集.

例 3 拓扑空间 $\mathbf{S}^n$ 为$(\mathbf{R}^{n+1},\mathscr{U})$中的连通子集.

证明 先考虑 $\mathbf{S}^n-\{e_{n+1}\}$,其中 $e_{n+1}=(\underbrace{0,0,\cdots,0}_{n},1)$.由球极投影可知,$\mathbf{S}^n-\{e_n\}\simeq \mathbf{R}^n$,故 $\mathbf{S}^n-\{e_n\}$ 连通,又$\overline{\mathbf{S}^n-\{e_n\}}=\mathbf{S}^n$,故 $\mathbf{S}^n$ 连通.

定理 9.8 设$(X,\mathscr{T})$为拓扑空间,$\{Y_i\}_{i\in\Lambda}$ 为 X 的一族连通子集,则

$$\bigcap_{i\in\Lambda} Y_i \neq \varnothing \Rightarrow \bigcup_{i\in\Lambda} Y_i \text{ 也为 } X \text{ 的连通子集.}$$

证明 假设 $\bigcup\limits_{i\in\Lambda} Y_i$ 不连通,则存在非空隔离子集 A,B,使得

$$\bigcup_{i\in\Lambda} Y_i = A \sqcup B,$$

则 $Y_i \subset A\sqcup B$,由定理 9.6,可知对 $\forall i\in\lambda$,

$$Y_i \subset A \text{ 或 } Y_i \subset B.$$

若存在 $Y_{i_1}\subset A$,$Y_{i_2}\subset B$,则 $Y_{i_1}\cap Y_{i_2}=\varnothing$,这与 $\bigcap\limits_{i\in A} Y_i\neq\varnothing$ 矛盾,则

$$\bigcup_{i\in\Lambda} Y_i \subset A \text{ 或 } \bigcup_{i\in\Lambda} Y_i \subset B,$$

这与 $\bigcup\limits_{i\in\Lambda} Y_i = A\sqcup B$ 矛盾,故 $\bigcup\limits_{i\in\Lambda} Y_i$ 为 X 的连通子集.

注 我们可以利用定理 9.8 证明例 3.事实上,由球极投影,可知 $\mathbf{S}^n-\{e_{n+1}\}$ 连通,$\mathbf{S}^n-\{-e_{n+1}\}$ 连通,且

$$(\mathbf{S}^n-\{e_{n+1}\}) \cap (\mathbf{S}^n-\{-e_{n+1}\}) \neq \varnothing,$$

故由定理 9.8,可知$(\mathbf{S}^n-\{e_{n+1}\})\cup(\mathbf{S}^n-\{-e_{n+1}\})=\mathbf{S}^n$ 连通.

定理 9.9(除去一点的高维欧氏空间是连通的) 设 $O=(0,0,\cdots,0)\in\mathbf{R}^n$,$n\geqslant 2$,则

$$\mathbf{R}^n \backslash \{O\} \text{ 是连通的.}$$

证明 首先,

$$\mathbf{R}^n \setminus \{O\} = \bigcup_{r>0} (\mathbf{S}^{n-1}(r) \cup L),$$

其中 $\mathbf{S}^{n-1}(r)$ 为 $\mathbf{R}^n$ 以原点为心，r 为半径的球面，$L = \{(t,0,0,\cdots 0) \in \mathbf{R}^n : t > 0\}$.

其次，$\mathbf{S}^{n-1}(r)$ 与 L 连通，且

$$\mathbf{S}^{n-1}(r) \cap L = \{(r,0,0,\cdots 0)\} \neq \varnothing.$$

根据定理 9.8 知，$\mathbf{S}^{n-1}(r) \cup L$ 连通.

最后，令 $Y_r = S^{n-1}(r) \cup L$，则

$$\bigcap_{r>0} Y_r = L \neq \varnothing$$

根据定理 9.8 知，$\mathbf{R}^n \setminus \{O\} = \bigcup_{r>0} Y_r$ 连通.

定理 9.10（连通空间的乘积性质）　设 $X_1, X_2, \cdots, X_n$ 为 n 个连通空间，则它们的积空间

$$X = X_1 \times X_2 \times \cdots \times X_n$$

也为连通空间.

证明　只需考虑 $n=2$ 的情况即可. 由 $\{x_1\} \times X_2 \simeq X_2$，故 $\{x_1\} \times X_2$ 连通；同理，$X_1 \times \{x_2\}$ 连通，并且

$$(\{x_1\} \times X_2) \cap (X_1 \times \{x_2\}) \neq \varnothing,$$

则

$$X = X_1 \times X_2 = \bigcup_{x_1 \in X_1} (\{x_1\} \times X_2) \cup (X_1 \times \{x_2\}),$$

由定理 9.8 可知，X 连通.

注　结合定理 9.4 定理 9.10，可得拓扑空间 $(\mathbf{R}^n, \mathscr{U})$ 也是连通的.

定理 9.11（R 中的连通子集：刻画）　设 E 为 $(\mathbf{R}, \mathscr{U})$ 中的非空真子集，则

$$E \text{ 连通} \Leftrightarrow E \text{ 为区间}.$$

证明　必要性. 假设 E 不是区间，令 $a = \inf E$，$b = \sup E$，则存在 $x \in (a,b)$ 使得 $x \notin E$，则

$$E = [(-\infty, x) \cap E] \sqcup [(x, +\infty) \cap E],$$

则 E 不是连通的，矛盾！ 故 E 为区间.

充分性. 由定理 9.4 可知 $(\mathbf{R}, \mathscr{U})$ 是连通的，则由定理 9.5 可知，(a,b) 是连通的.
令 $a = \inf E$，$b = \sup E$，则

$$(a,b) \subset E \subset \overline{(a,b)},$$

则由定理 9.7 可知，E 是连通的.

定理 9.12（R 中的连通子集：应用） 设 X 为连通空间，$f: X \to \mathbf{R}$ 为连续映射，则

$$f(X) \text{ 为 } \mathbf{R} \text{ 中的区间.}$$

证明 由定理 9.5 可知，$f(X)$ 为 $\mathbf{R}$ 中的连通子集；

再由定理 9.11 可知，$f(X)$ 为 $\mathbf{R}$ 中的区间.

定理 9.13（介值定理） 设 $f:[a,b] \to \mathbf{R}$ 为连续映射，则

$$r \in [f(a),f(b)] \text{ 或 } [f(b),f(a)] \Rightarrow \text{存在 } z \in [a,b] \text{ 使得 } f(z)=r.$$

证明 由定理 9.11 可知，$[a,b]$ 为连通子集，则$([a,b],\mathscr{U}_{[a,b]})$为连通空间.

再由定理 9.12 可知，$f([a,b])$ 为区间.

又 $f(a),f(b) \in f([a,b])$，则由区间的定义可知，

$$\text{对 } \forall r \in [f(a),f(b)] \text{ 或 } [f(b),f(a)],$$

均有 $r \in f([a,b])$，即存在 $z \in r$，使得 $f(z)=r$.

9.3 道路连通

定义 9.4（道路连通子集） 设$(X,\mathscr{T})$为拓扑空间，$A \subset X$，如果对 $\forall x,y \in A$，存在 X 中的一条道路连接 x 与 y，即存在连续映射 $f:[0,1] \to X$ 使得

$$f(0)=x, f(1)=y, f([0,1]) \subset A,$$

则称 A 为道路连通子集. 若 X 为道路连通空间.

定理 9.14（道路连通是一个绝对性质） 设$(X,\mathscr{T})$为拓扑空间，$A \subset X$，则

$$A \text{ 相对于 } \mathscr{T} \text{ 道路连通} \Leftrightarrow A \text{ 相对于 } \mathscr{T}_A \text{ 道路连通.}$$

例 4（道路连通空间） 下列 $\mathbf{R}^1$ 中的子集是否道路连通.

(1) $\mathbf{R}^1$；

(2) $(a,b),(a,b],[a,b),[a,b],\{x\}$；

(3) $\mathbf{R}^1 \setminus \{0\}$；

(4) $\mathbf{Q}$.

例 5（道路连通空间） 下列 $\mathbf{R}^2$ 中的子集是否道路连通.

(1)$\mathbf{R}^2$;

(2)$\mathbf{R}^2\setminus\{(0,0)\}$;

(3)$\mathbf{R}^2\setminus\{a_1,a_2,\cdots,a_n\}$;

(4)$\mathbf{R}^2\setminus\mathbf{Q}\times\mathbf{Q}$;

(5)$\mathbf{R}^2\setminus\{a_1,a_2,\cdots,a_n,\cdots\}$.

定理 9.15(连通与道路连通之间的关系)　设$(X,\mathscr{T})$为拓扑空间,则

$$(X,\mathscr{T})\text{ 道路连通}\Rightarrow(X,\mathscr{T})\text{ 连通}.$$

证明　假设$(X,\mathscr{T})$不是连通的,则存在开集 G,H,使得

$$X=G\bigsqcup H.$$

取 $x\in G,y\in H$,由$(X,\mathscr{T})$道路连通,故存在连续映射:

$$f:[0,1]\to X,\text{使得 } f(0)=x,f(1)=y,$$

则

$$[0,1]=f^{-1}(G)\bigsqcup f^{-1}(H),$$

其中 $f^{-1}(G),f^{-1}(H)$ 为开集,则$[0,1]$不连通,矛盾.故$(X,\mathscr{T})$连通.

注　$(X,\mathscr{T})$连通 $\not\Rightarrow(X,\mathscr{T})$道路连通.反例见例 6.

例 6(连通但不道路连通)　$X=Y_1\cup Y_2$,其中

$$Y_1=\left\{\left(x,\sin\frac{1}{x}\right):x\in(0,1)\right\},Y_2=\{0\}\times[-1,1].$$

可以验证,X 连通但不道路连通.

定理 9.16(道路连通是连续不变性质)　设 $f:(X,\mathscr{T})\to(Y,\mathscr{T}^*)$为连续映射,则

$$(X,\mathscr{T})\text{ 道路连通}\Rightarrow(f(X),\mathscr{T}^*_{f(X)})\text{ 也道路连通}.$$

证明　对 $\forall y_1,y_2\in f(X)$,存在 $x_1,x_2\in X$,使得

$$f(x_1)=y_1,f(x_2)=y_2.$$

(2) 由 X 道路连通,存在连续映射 $g:[0,1]\to(X,\mathscr{T})$,使得

$$g(0)=x_1,g(1)=x_2.$$

令 $h:=f\circ g:[0,1]\to(f(X),\mathscr{T}^*_{f(X)})$,则 h 连续且

$$h(0)=y_1,h(1)=y_2.$$

故$(f(X),T^*_{f(X)})$道路连通.

注 (1) 道路连通是拓扑不变性质：若 $X \simeq Y$，则

$$X \text{ 道路连通} \Leftrightarrow Y \text{ 道路连通}.$$

(2) X 与 Y 道路连通 $\not\Rightarrow X \simeq Y$.

习题 9

1. $X=\{a,b,c,d,e\}$，$\mathscr{T}=\{X,\varnothing,\{a,b,c\},\{c,d,e\},\{c\}\}$，$A=\{a,d,e\}$，$A$ 是否为连通子集？

2. 设 $(X,\mathscr{T})$ 为拓扑空间，$\{Y_i\}_{i=1}^n$ 为 X 的一族连通子集，满足 $Y_i \cap Y_{i+1} \neq \varnothing$，证明：$\bigcup_{i=1}^n Y_i$ 也是连通子集.

3. (不动点定理) 设 $f:[0,1]\to[0,1]$ 为连续映射. 证明：存在 $z\in[0,1]$，使得

$$f(z)=z$$

4. (Borsuk-Ulam 定理) 设 $f:\mathbf{S}^1\to\mathbf{R}$ 为连续映射. 证明：存在 $x\in\mathbf{S}^1$，使得

$$f(x)=f(-x).$$

5. 设 $X=Y_1\cup Y_2$，其中 $Y_1=\bigcup_{n=1}^{\infty}\left\{\frac{1}{n}\right\}\times[0,1]\cup\{0\}\times[0,1]$，$Y_2=[0,1]\times\{0\}$. 判断 X 是否为 $\mathbf{R}^2$ 中连通子集.

6. **连通分支(Components)**. 设 $(X,\mathscr{T})$ 为拓扑空间. 定义 X 上的等价关系如下

$$\forall x,y\in X, x\sim y \Leftrightarrow \text{存在 } X \text{ 的连通子集 } A\text{，使得}\{x,y\}\subset A.$$

在此等价关系下的所有等价类称为 $(X,\mathscr{T})$ 的连通分支.

证明：拓扑空间 $(X,\mathscr{T})$ 的任何连通分支为闭集.

7. **道路连通分支(Path Components)**. 设 $(X,\mathscr{T})$ 为拓扑空间. 定义 X 上的等价关系如下

$$\forall x,y\in X, x\sim y \Leftrightarrow \text{存在 } X \text{ 的道路连通子集 } A\text{，使得}\{x,y\}\subset A.$$

在此等价关系下的所有等价类称为 $(X,\mathscr{T})$ 的道路连通分支.

你能构造例子说明连通分支和道路连通分支的区别吗？(提示：拓扑正弦曲线)

8. **局部连通空间(Locally Connected Spaces)**. 设 $(X,\mathscr{T})$ 为拓扑空间，$x\in X$.

(1) 若对于任何包含 x 的邻域 $U\in\mathscr{T}$，存在包含 x 的连通邻域 $V\in\mathscr{T}$，使得 $V\subset U$，

则称 X 在 x 处局部连通，

(2) 若 X 在任意点处局部连通，则称 $(X,\mathscr{T})$ 为局部连通空间.

证明：$(X,\mathscr{T})$ 局部连通 $\Leftrightarrow$ 对 $\forall U\in\mathscr{T}$，U 的任何连通分支为 X 中的开集.

9. **局部道路连通空间(Locally Path-Connected Spaces)**. 设 $(X,\mathscr{T})$ 为拓扑空间，$x\in X$.

(1) 若对于任何包含 x 的邻域 $U\in\mathscr{T}$，存在包含 x 的道路连通邻域 $V\in\mathscr{T}$，使得 $V\subset U$，则称 X 在 x 处局部道路连通.

(2) 若 X 在任意点处局部道路连通，则称 $(X,\mathscr{T})$ 为局部道路连通空间.

证明：$(X,\mathscr{T})$ 局部道路连通 $\Leftrightarrow$ 对 $\forall U\in\mathscr{T}$，U 的任何道路连通分支为 X 中的开集.

第 10 章　紧致性

10.1　紧致空间

10.1.1　紧致的定义及例子

定义 10.1(紧致子集与紧致空间)　设$(X,\mathscr{T})$为拓扑空间,$A\subset X$.若A的任意开覆盖存在有限子覆盖,则称A为X的紧致子集.特别的,若$A=X$,则称$(X,\mathscr{T})$为紧致空间.

例 1(紧致子集)

(1) 考虑拓扑空间$(\mathbf{R},\mathscr{U})$,$a,b\in\mathbf{R}$,$a<b$.

(i) 由有限覆盖定理知,$A=[a,b]$是$\mathbf{R}$的紧致子集;

(ii) 容易验证

$$\mathscr{A}=\left\{\left(a+\frac{1}{n},b\right):\frac{1}{n}<b-a,n\in\mathbf{N}_{+}.\right\}$$

是$B=(a,b)$的开覆盖,但不存在有限子覆盖.故$B=(a,b)$不是$\mathbf{R}$的紧致子集.

(2) 设$(X,\mathscr{T})$为拓扑空间,则X的任一有限子集A为X的紧致子集.

例 2(紧致空间)　请用定义证明:

(1) 任何平庸拓扑空间$(X,\mathscr{I})$为紧致空间;

(2) 设X为非空有限集,则在X上赋予任何拓扑$\mathscr{T}$,$(X,\mathscr{T})$均为紧致空间;

(3)$(\mathbf{R}^{n},\mathscr{U})$不为紧致空间;

(4) 余有限拓扑空间$(\mathbf{R},\mathscr{T}_{f})$为紧致空间.

证明留作练习.

10.1.2　紧致性的性质

定理 10.1(紧致子集的连续像是紧致子集)　设$f:(X,\mathscr{T})\to(Y,\mathscr{T}^{*})$为连续映

射，则

$$A \subset X \text{ 为紧致子集} \Rightarrow f(A) \subset Y \text{ 为紧致子集}.$$

证明　$\mathscr{A}$ 是 $f(A)$ 的开覆盖 $\Rightarrow \widetilde{\mathscr{A}} := \{f^{-1}(U) : U \in \mathscr{A}\}$ 是 A 的开覆盖

（因为 f 连续）

$\Rightarrow$ 存在 $U_1, U_2, \cdots, U_n \in \mathscr{A}$，使得 $A \subset \bigcup_{k=1}^{n} f^{-1}(U_k)$

（因为 A 紧致）

$\Rightarrow f(A) \subset f\left(\bigcup_{k=1}^{n} f^{-1}(U_k)\right) = \bigcup_{k=1}^{n} f \circ f^{-1}(U_k)$

$\subset \bigcup_{k=1}^{n} U_k$，

因此，$f(A) \subset Y$ 为紧致子集.

定理 10.2（紧致性是一个绝对性质）　设 $(X, \mathscr{T})$ 为拓扑空间，$\varnothing \neq A \subset X$，则

$$A \text{ 相对于 } \mathscr{T} \text{ 紧致} \Leftrightarrow A \text{ 相对于 } \mathscr{T}_A \text{ 紧致}.$$

证明　(1) 必要性.

$\mathscr{A}_A \subset \mathscr{T}_A$ 是 A 在 $(A, \mathscr{T}_A)$ 中的开覆盖

$\Rightarrow$ 存在 $\mathscr{A} \subset \mathscr{T}$，使得 $\mathscr{A}_A = \{U \cap A : U \in \mathscr{A}\}$　　（由子拓扑定义）

$\Rightarrow \mathscr{A} \subset \mathscr{T}$ 是 A 在 $(X, \mathscr{T})$ 中的开覆盖

$\Rightarrow$ 存在 $U_1, U_2, \cdots, U_n \in \mathscr{A}$，使得 $A \subset \bigcup_{k=1}^{n} U_k$

（因为 A 相对于 $\mathscr{T}$ 紧致）

$\Rightarrow$ 存在 $U_1 \cap A, U_2 \cap A, \cdots, U_n \cap A \in \mathscr{T}_A$，使得 $A \subset \bigcup_{k=1}^{n} (U_k \cap A)$，

因此，A 相对于 $\mathscr{T}_A$ 紧致.

(2) 充分性.

$\mathscr{A} \subset \mathscr{T}$ 是 A 在 $(X, \mathscr{T})$ 中的开覆盖

$\Rightarrow \mathscr{A}_A = \{U \cap A : U \in \mathscr{A}\}$ 是 A 在 $(A, \mathscr{T}_A)$ 中的开覆盖　　（由子拓扑定义）

$\Rightarrow$ 存在 $U_1 \cap A, U_2 \cap A, \cdots, U_n \cap A \in \mathscr{T}_A$，使得 $A \subset \bigcup_{k=1}^{n} (U_k \cap A)$

（因为 A 相对于 $\mathscr{T}_A$ 紧致）

$\Rightarrow$ 存在 $U_1, U_2, \cdots, U_n \in \mathscr{A}$，使得 $A \subset \bigcup_{k=1}^{n} U_k$，

因此，A 相对于 $\mathscr{T}$ 紧致.

定理 10.3(紧致空间的闭子集是紧致的) 设$(X,\mathscr{T})$为紧致空间,则

$$F\subset X \text{ 为闭集}\Rightarrow F \text{ 是紧致的}.$$

证明 $\mathscr{A}$是 F 的开覆盖

$\Rightarrow\mathscr{A}\cup\{F^c\}$ 为 X 的开覆盖 (因为 F 为闭集)

$\Rightarrow$ 存在 $U_1,\cdots,U_n\in\mathscr{A}$,使得 $\bigcup\limits_{k=1}^{n}U_k\cup F^c=X$ (因为 X 紧致)

$\Rightarrow F\subset\bigcup\limits_{k=1}^{n}U_k$,

因此,F 是紧致的.

定义 10.2(有限交性质) 若集族$\{A_i:i\in I\}$的任意有限子族$\{A_{i_1},A_{i_2},\cdots,A_{i_m}\}$满足

$$A_{i_1}\cap A_{i_2}\cap\cdots\cap A_{i_m}\neq\varnothing,$$

则称集族$\{A_i:i\in I\}$满足有限交性质.

定理 10.4(用有限交性质刻画紧致) 设$(X,\mathscr{T})$为拓扑空间,则

$(X,\mathscr{T})$紧致$\Leftrightarrow(X,\mathscr{T})$中任意满足有限交性质的闭集族$\{F_i\}_{i\in I}$具有非空交.

证明 (1) 必要性.(反证)假设存在满足有限交性质的闭集族$\mathscr{F}:=\{F_i\}_{i\in I}$,使得

$$\bigcap_{i\in I}F_i=\varnothing,$$

则

$$\bigcup_{i\in I}F_i^c=X,$$

即$\{F_i^c\}_{i\in I}$为 X 的开覆盖.再由 X 紧致知,存在 $i_1,\cdots,i_m\in I$,使得

$$\bigcup_{k=1}^{m}F_{i_k}^c=X,$$

从而

$$\bigcap_{k=1}^{m}F_{i_k}=\left(\bigcup_{k=1}^{m}F_{i_k}^c\right)^c=\varnothing.$$

这与$\mathscr{F}$具有有限交性质相矛盾.

(2) 充分性.(反证)假设 X 不紧致,则

X 不紧致$\Rightarrow$存在 X 的开覆盖$\mathscr{A}$,其不存在有限子覆盖

$\Rightarrow\mathscr{F}:=\{U^c\mid U\in\mathscr{A}\}$为具有有限交性质的闭集族

$\Rightarrow\bigcap\limits_{U\in\mathscr{A}}U^c\neq\varnothing$

$\Rightarrow\bigcup\limits_{U\in\mathscr{A}}U\neq X$,

这与 $\mathscr{A}$ 是开覆盖相矛盾.

定理 10.5（Tyhonoff 定理：有限乘积形式）　设 $(X,\mathscr{T})$ 与 $(Y,\mathscr{T}^*)$ 紧致，则其乘积空间也是紧致的.

证明　设 $\mathscr{A}$ 为 $X\times Y$ 的任何开覆盖. 不失一般性可假设

$$\mathscr{A}\subset\{U\times V: U\in\mathscr{T}, V\in\mathscr{T}^*\}.$$

任意固定 $x\in X$，由 $\{x\}\times Y$ 同胚于 Y 及 Y 紧致知，$\{x\}\times Y$ 为 $X\times Y$ 的紧致子集. 由 $\mathscr{A}$ 为 $X\times Y$ 的任何开覆盖知，$\mathscr{A}$ 也为 $\{x\}\times Y$ 的开覆盖.

因此，存在 $U_k^x\times V_k^x$，$1\leqslant k\leqslant n_x$，使得

$$\{x\}\times Y\subset\bigcup_{k=1}^{n_x}U_k^x\times V_k^x.$$

令

$$W_x=\bigcap_{k=1}^{n_x}U_k^x,$$

则 $W_x\in\mathscr{T}$，且

$$\{x\}\times Y\subset W_x\times Y\subset\bigcup_{k=1}^{n_x}U_k^x\times V_k^x.$$

由此知，$\{W_x\}_{x\in X}$ 构成 X 的一个开覆盖. 再由 X 紧致知，

$$\text{存在 } W_{x_1}, W_{x_2}, \cdots, W_{x_m}\text{，使得 } X\subset\bigcup_{j=1}^{m}W_{x_j}.$$

令

$$\widetilde{\mathscr{A}}=\{U_k^{x_j}\times V_k^{x_j}: 1\leqslant k\leqslant n_{x_j}, 1\leqslant j\leqslant m\},$$

则 $\widetilde{\mathscr{A}}$ 为 $\mathscr{A}$ 的有限子覆盖. 因此，$X\times Y$ 紧致.

定理 10.6（Tyhonoff 定理）　任意一族紧致空间的乘积空间是紧致空间.

证明略. 具体请参见[3].

10.1.3　紧致性与 Hausdorff 空间

定理 10.7（Hausdorff 空间的紧致子集是闭集）　设 $(X,\mathscr{T})$ 为 Hausdorff 空间，$A\subset X$，则

$$A\text{ 紧致}\Rightarrow A\text{ 为闭集}.$$

证明　任取 $p\in A^c$. 由 X 为 T_2 空间知，对 $\forall q\in A$，存在 q 的开邻域 U_q，p 的开邻域 V_q，使得 $U_q\cap V_q=\varnothing$.

从而

$$\mathscr{A}:=\{U_q \mid q \in A\}$$

构成 A 的开覆盖. 由 A 紧致,则 $\mathscr{A}$ 有有限子覆盖 $\{U_{q_1},U_{q_2},\cdots,U_{q_m}\}$.

取 $\{q_1,q_2,\cdots,q_m\}$ 对应的 p 的开邻域 $V_{q_1},V_{q_2},\cdots,V_{q_m}$,令

$$V_p=V_{q_1}\cap V_{q_2}\cap\cdots\cap V_{q_m}\in\mathscr{T},$$

则

$$V_p\cap A=\left(\bigcap_{k=1}^{m}V_{q_k}\right)\cap\left(\bigcup_{k=1}^{m}U_{q_k}\right)=\varnothing\Rightarrow p\in V_p\subset A^c,$$

故 A^c 为开集,A 为闭集.

定理 10.8　设 $(X,\mathscr{T})$ 为 Hausdorff 空间,则

A,B 为不相交紧致集 $\Rightarrow$ 存在不相交开集 G,H,使得 $A\subset G,B\subset H$.

证明　由 B 紧致,$A\cap B=\varnothing$ 及定理 10.7 的证明知,对 $\forall p\in A$,存在不相交开集 U_p,V_p,使得

$$p\in U_p,B\subset V_p,\text{且 } U_p\cap V_p=\varnothing.$$

令 $\mathscr{A}=\{U_p:p\in A\}$,则 $\mathscr{A}$ 是 A 的一个开覆盖. 再由 A 紧致知,其存在可数子覆盖

$$\{U_{p_1},U_{p_2},\cdots,U_{p_m}\}.$$

令

$$G=U_{p_1}\cup U_{p_2}\cup\cdots\cup U_{p_m},H=V_{p_1}\cap V_{p_2}\cdots\cap V_{p_m},$$

则 G,H 为开集且

$$A\subset G,B\subset H,G\cap H=\varnothing.$$

推论　$(X,\mathscr{T})$ 为紧致的 Hausdorff 空间 $\Rightarrow(X,\mathscr{T})$ 为正规空间.

证明　在定理 10.8 中,取 $A=\{p\}$,B 为闭集即可得证.

定理 10.9　设 $f:(X,\mathscr{T})\to(Y,\mathscr{T}^*)$ 为连续单射,X 为紧致空间,Y 为 Hausdorff 空间,则

$$X\text{ 与 }f(X)\text{ 同胚}.$$

证明　只需证 f 是闭映射. 事实上,

$F\subset X$ 为闭集 $\Rightarrow F$ 紧致　　(由 X 紧致及定理 10.3)

$\Rightarrow f(F)$ 紧致　　(由 f 连续及定理 10.1)

$\Rightarrow f(F)$ 为闭集　　(由 Y 为 Hausdorff 空间及定理 10.7).

10.2　可数紧致

定义 10.3(可数紧致子集与可数紧致空间)　设$(X,\mathscr{T})$为拓扑空间,$A\subset X$,若A的任意可数开覆盖存在有限子覆盖,则称A为X的可数紧致子集.特别的,若$A=X$,则称$(X,\mathscr{T})$为可数紧致空间.

完全类似于紧致,有如下一些定理:

定理 10.10(可数紧致集的连续像是可数紧致的)　设$f:(X,\mathscr{T})\to(Y,\mathscr{T}^*)$为连续映射,则

$$A\subset X \text{ 为可数紧致子集} \Rightarrow f(A)\subset Y \text{ 为可数紧致子集}.$$

定理 10.11(可数紧致性是一个绝对性质)　设$(X,\mathscr{T})$为拓扑空间,$A\subset X$,则

$$A \text{ 相对于 } \mathscr{T} \text{ 可数紧致} \Leftrightarrow A \text{ 相对于 } \mathscr{T}_A \text{ 可数紧致}.$$

定理 10.12(可数紧致空间的闭子集是可数紧致的)　设$(X,\mathscr{T})$为可数紧致空间,则

$$F\subset X \text{ 为闭集} \Rightarrow F \text{ 是可数紧致的}.$$

定理 10.13(用非空递降闭集列刻画可数紧致)　拓扑空间X可数紧致$\Leftrightarrow X$中任意非空递降闭集列

$$F_1\supset F_2\supset F_3\supset\cdots$$

满足

$$\bigcap_{k=1}^{\infty}F_k\neq\varnothing.$$

定理 10.14(紧致与可数紧致的关系)

(1) 紧致$\Rightarrow$可数紧致;

(2) 可数紧致$\nRightarrow$紧致;

(3) 可数紧致$+$Lindelöf$\Rightarrow$紧致.

证明　(1) 由定义可以得到

(2) 请参见[2].

(3) 由定义可以得到.

10.3 聚点紧致

定义 10.4(聚点紧致) 设$(X,\mathscr{T})$为拓扑空间,$A\subset X$.若 A 中的任何无限点集存在聚点,且该聚点属于 A,则称 A 为$(X,\mathscr{T})$的聚点紧致子集.特别的,若 $A=X$,则称$(X,\mathscr{T})$为聚点紧致空间.

定理 10.15(聚点紧致与可数紧致的关系)

(1) 可数紧致 $\Rightarrow$ 聚点紧致.

(2) 聚点紧致 $\nRightarrow$ 可数紧致.

(3) 聚点紧致 $+T_1\Rightarrow$ 可数紧致.

证明

(1) 设拓扑空间$(X,\mathscr{T})$可数紧致,$A\subset X$ 为无限集,下证 $A'\neq\varnothing$.

由 A 为无限集知,存在可数无限子集 $B=\{b_1,b_2,\cdots,b_n,\cdots\}\subset A$.

由 $B'\subset A'$ 知,只需证 $B'\neq\varnothing$.

令 $E_n=\{b_n,b_{n+1},\cdots\},n\in\mathbf{N}_+$,则

$$E_n\supset E_{n+1},\text{从而 }\overline{E_n}\supset\overline{E_{n+1}}.$$

由于$\overline{E_n}$为闭集,且 X 可数紧,故

$$\bigcap_{n=1}^{\infty}\overline{E_n}\neq\varnothing.$$

取 $p\in\bigcap\limits_{n=1}^{\infty}\overline{E_n}$,则

$$p\in\overline{E_n}=E_n\cup E'_n,n\in\mathbf{N}_+.$$

易证得,存在 $n_0\in\mathbf{N}_+$,使得 $p\in E'_{n_0}$.

如若不然,

$$p\in E_n,n\in\mathbf{N}_+\Rightarrow p\in\bigcap_{n=1}^{\infty}E_n=\varnothing,$$

矛盾.

因此,$p\in E'_{n_0}\subset B'$,即 $B'\neq\varnothing$.

(2) 考虑奇偶拓扑:$(\mathbf{N}_+,\mathscr{T})$,其中 $\mathscr{T}$ 是以

$$\mathscr{B}=\{\{2n-1,2n\}:n\in\mathbf{N}_+\}$$

为基生成的拓扑.

(ⅰ) 显然 $\mathscr{B}$ 本身是 $\mathbf{N}_+$ 的一个开覆盖，其不存在有限子覆盖. 因此，$(\mathbf{N}_+,\mathscr{T})$ 不是可数紧致的.

(ⅱ) 设 $A\subset\mathbf{N}_+$ 为无限点集.

若 $2n-1\in A$，则 $2n\in A'$；

若 $2n\in A$，则 $2n-1\in A'$.

无论何种情形，$A'\neq\varnothing$. 因此，$(\mathbf{N}_+,\mathscr{T})$ 是聚点紧致的.

(3) 设拓扑空间 $(X,\mathscr{T})$ 聚点紧致且为 T_1 空间.

任取 $(X,\mathscr{T})$ 的非空下降闭集列 $\{F_n\}_{n=1}^{\infty}$. 下证 $\bigcap\limits_{n=1}^{\infty}F_n\neq\varnothing$.

取 $a_n\in F_n$，令 $A=\bigcup\limits_{n=1}^{\infty}\{a_n\}$.

若 $\#(A)<\infty$，则

存在 $n_1<n_2<\cdots<n_m<\cdots$，使得 $a_{n_1}=a_{n_2}=\cdots=a_{n_m}=\cdots=a$，

从而

$$a\in\bigcap_{i=1}^{\infty}F_{n_i}=\bigcap_{n=1}^{\infty}F_n.$$

若 $\#(A)=\infty$，由 X 聚点紧致知，存在 $p\in A'$.

令 $C_n=\bigcup\limits_{k=1}^{n-1}\{a_k\}$，$D_n=\bigcup\limits_{k=n}^{\infty}\{a_k\}$. 由 $(X,\mathscr{T})$ 为 T_1 空间知，

$$C'_n=\varnothing.$$

从而

$$p\in A'=(C_n\cup D_n)'=C'_n\cup D'_n\subset\varnothing\cup F'_n\subset F_n,n\in\mathbf{N}_+,$$

即 $p\in\bigcap\limits_{n=1}^{\infty}F_n\neq\varnothing$.

10.4　序列紧致

定义 10.5(序列紧致)　拓扑空间 $(X,\mathscr{T})$ 的子集 A 称为序列紧致的，若 X 中的任何序列存在收敛的子序列.

特别的，若 $A=X$，则称 $(X,\mathscr{T})$ 为序列紧致空间.

定理 10.16(序列紧致与可数紧致的关系)

(1) 序列紧致 $\Rightarrow$ 可数紧致.

(2) 可数紧致 $\nRightarrow$ 序列紧致.

(3) 可数紧致 $+A_1 \Rightarrow$ 序列紧致.

证明 (1) 取 X 中的非空递降的闭集列 $\{F_n\}_{n=1}^{\infty}$. 取 $A_n \in F_n, n \in \mathbf{N}_+$.

由于 X 序列紧致,故存在子列 $\{a_{n_k}\}_{k=1}^{\infty}$,使得 $\lim\limits_{k\to\infty} a_{n_k}=a$,则

$$a \in \bigcap_{k=1}^{\infty} F_{n_k} = \bigcap_{n=1}^{\infty} F_n \neq \varnothing,$$

即 X 可数紧致.

(2) 反例:$\mathbf{X}=[0,1]^{[0,1]}$.

具体请参见[7].

(3) 任取 $\{a_n\}_{n=1}^{\infty} \subset X$. 令 $E_n = \bigcup\limits_{k=n}^{\infty} \{a_k\}, F_n = \overline{E_n}$.

则 $\{F_n\}$ 为单调下降的非空闭集列. 又 X 可数紧致,故存在 $p \in \bigcap\limits_{n=1}^{\infty} F_n$.

由于 X 是 A_1 的,且 p 为聚点,故 p 为极限点.

由于

$$对\ \forall n \in \mathbf{N}_+, p \in F_n = \overline{E_n},$$

故对 $\forall p$ 的开邻域 $U_p, U_p \cap E_n \neq \varnothing$.

取 p 处单调下降的可数局部基 $\{U_1, U_2, \cdots, U_n, \cdots\}$,则

$$对于\ \forall U_m, \forall E_n, 有\ U_m \cap E_n \neq \varnothing.$$

取

$$N_1 = \min\{j : a_j \in U_1 \cap E_1\}, N_2 = \min\{j : a_j \in U_2 \cap E_{N_1+1}\}, \cdots$$

以此类推,这样得到 $\{a_{N_j}\}_{j=1}^{\infty}$ 收敛于 p.

10.5 度量空间的各种紧致性

定义 10.6(Lebesgue 数) 设 (X,d) 为度量空间,$\mathscr{A}=\{G_i : i \in \Lambda\}$ 为 X 的一个开覆盖. 若 $\delta > 0$ 满足

$$A \subset X, \operatorname{diam}(A) < \delta \Rightarrow 存在\ G_{i_0} \in \mathscr{A}, 使得\ A \subset G_{i_0},$$

则称 δ 为覆盖 $\mathscr{A}$ 的一个 Lebesgue 数,

定理 10.17(Lebesgue 数定理) 序列紧致的度量空间的任一开覆盖存在 Lebesgue 数.

证明 (反证)假设存在序列紧致的度量空间 (X,d) 以及它的一个开覆盖 $\mathscr{A}$,其

没有 Lebesgue 数，则对 $\forall n\in\mathbf{N}_+$，取 $\delta_n=\dfrac{1}{n}>0$，存在 $A_n\subset X$，使得

$$\operatorname{diam}(A_n)<\frac{1}{n}\text{，但不存在 } G\in\mathscr{A}\text{，使得 } A_n\subset G.$$

取 $p_n\in A_n, n\in\mathbf{N}_+$. 由 (X,d) 序列紧致知，存在 $\{p_n\}$ 的子列 $\{p_{n_k}\}$ 及 $p\in X$，使得

$$p_{n_k}\xrightarrow{k\to+\infty}p.$$

由 $\mathscr{A}$ 为 X 的开覆盖知，存在 $G\in\mathscr{A}$，使得 $p\in G$，从而存在 $\delta>0$，使得

$$B(p,\delta)\subset G.$$

取 $k\in\mathbf{N}_+$，使得 $\dfrac{1}{n_k}<\dfrac{\delta}{2}$ 且 $d(p_{n_k},p)<\dfrac{\delta}{2}$，则对 $\forall x\in A_{n_k}$ 有

$$\begin{aligned}d(x,p)&\leqslant d(x,p_{n_k})+d(p_{n_k},p)\\&<\operatorname{diam}(A_{n_k})+\frac{\delta}{2}\\&\leqslant\frac{1}{n_k}+\frac{\delta}{2}\\&<\delta.\end{aligned}$$

故

$$A_{n_k}\subset B(p,\delta)\subset G\text{，显然假设不成立.}$$

定理 10.18　序列紧致的度量空间是紧致空间.

证明　度量空间 (X,d) 序列紧致，$\mathscr{A}$ 是它的任一开覆盖. 由定理 10.17 知，存在 $\delta>0$ 为 $\mathscr{A}$ 的 Lebesgue 数.

令

$$\widetilde{\mathscr{A}}=\left\{B\left(p,\frac{\delta}{3}\right): p\in X\right\},$$

则 $\widetilde{\mathscr{A}}$ 也为 X 的一个开覆盖，且其存在有限子覆盖. 若不然，

（ⅰ）取 $p_1\in X$，则 $B\left(p_1,\dfrac{\delta}{3}\right)\subsetneqq X$.

（ⅱ）再取 $p_2\in X-B\left(p_1,\dfrac{\delta}{3}\right)$，则 $B\left(p_1,\dfrac{\delta}{3}\right)\cup B\left(p_2,\dfrac{\delta}{3}\right)\subsetneqq X$.

（ⅲ）接着取 $p_3\in X-B\left(p_1,\dfrac{\delta}{3}\right)-B\left(p_2,\dfrac{\delta}{3}\right)$，则

$$B\left(p_1,\frac{\delta}{3}\right)\cup B\left(p_2,\frac{\delta}{3}\right)\cup B\left(p_3,\frac{\delta}{3}\right)\subsetneqq X.$$

(ⅳ) 依次取下去,我们可得到序列$\{p_n\}_{n=1}^{\infty}$,满足

$$d(p_i,p_j)>\frac{\delta}{3},i\neq j.$$

显然,$\{p_n\}_{n=1}^{\infty}$不存在收敛子列,这与(X,d)序列紧致相矛盾.

由上述证明过程可知存在有限个点$q_1,q_2,\cdots,q_m\in X$,使得

$$\bigcup_{k=1}^{m}B\left(q_k,\frac{\delta}{3}\right)=X.$$

再由$\mathrm{diam}\left(B\left(q_k,\frac{\delta}{3}\right)\right)\leqslant\frac{2\delta}{3}<\delta$知,存在$G_k\in A$,使得

$$B\left(q_k,\frac{\delta}{3}\right)\subset G_k.$$

于是,

$$X=\bigcup_{k=1}^{m}B\left(q_k,\frac{\delta}{3}\right)\subset\bigcup_{k=1}^{m}G_k,$$

即$\{G_1,G_2,\cdots,G_m\}$为$\mathscr{A}$的关于X的有限子覆盖.因此,X紧致.

定理 10.19(度量空间中各种紧致是等价的) 设(X,d)为度量空间,则

(X,d)紧致$\Leftrightarrow(X,d)$可数紧致$\Leftrightarrow(X,d)$聚点紧致$\Leftrightarrow(X,d)$序列紧致.

证明 度量空间(X,d)是T_1空间,A_1空间,故由定理10.15、10.16、10.18立得定理结论.

10.6 $\mathbf{R}^n$ 中的紧致子集

定理 10.20(Henie-Borel Theorem) $\mathbf{R}$中的有界闭区间$[a,b]$是紧致的.

定理 10.21($\mathbf{R}^n$ 中的紧致子集) $A\subset\mathbf{R}^n$紧致$\Leftrightarrow A$为有界闭集.

证明 必要性.由$\mathbf{R}^n$是Hausdorff空间且A为紧致子集知,A为闭集.

取A的开覆盖$\{B(0,n)\}_{n=1}^{\infty}$.由$A$紧致知,其有限子覆盖,记作$\{B(0,n_k)\}_{k=1}^{N}$,从而

$$A\subset B(0,n_1+n_2+\cdots+n_N),\text{即}A\text{有界}.$$

充分性.A为$\mathbf{R}^n$中的有界闭集,则

$$\text{存在 } a,b \in \mathbf{R}, a < b, [a,b]^n, \text{使得 } A \subset [a,b]^n.$$

由 Tyhonoff 定理与定理 10.20 知，$[a,b]^n$ 紧致. 从而 A 为紧致空间 $[a,b]^n$ 的闭子集.

再由定理 10.2 与定理 10.3 知，A 在 $\mathbf{R}^n$ 中紧致.

注　(1) 度量空间 (X,d) 中，$A \subset X$，A 紧致 $\Rightarrow A$ 为有界闭集.

(2) 度量空间 (X,d) 中，$A \subset X$，A 为有界闭集 $\nRightarrow A$ 紧致.

反例：$(\mathbf{R},\mathscr{D})$. 有界闭集 $[a,b]$ 的开覆盖 $\{p\}_{p\in[a,b]}$ 没有有限子覆盖.

例 3　请问下列子集是否为相应空间的紧致子集？

(1) 单位球面 $\mathbf{S}^{n-1} \subset \mathbf{R}^n$；

单位球 $B^n \subset \mathbf{R}^n$.

(2) $A = \left\{\left(x,\dfrac{1}{x}\right): 0 < x \leqslant 1\right\} \subset \mathbf{R}^2$；

$S = \{(x,\sin(1/x): 0 < x \leqslant 1\} \subset \mathbf{R}^2$.

定理 10.22(最值定理)　设 $f:(X,\mathscr{T}) \to (\mathbf{R},\mathscr{U})$ 连续. 若 X 紧致，则存在 $c,d \in X$，使得

$$f(c) \leqslant f(x) \leqslant f(d), \forall x \in X.$$

证明留作习题.

定义 10.7(一致连续)　设 (X,d_X)，(Y,d_Y) 为度量空间，$f:(X,d_X) \to (Y,d_Y)$ 为映射. 若对 $\forall \varepsilon > 0$，存在 $\delta = \delta(\varepsilon) > 0$，使得

$$\text{对 } \forall x_0, x_1 \in X, d_x(x_0,x_1) < \delta \Rightarrow d_Y(f(x_0),f(x_1)) < \varepsilon,$$

则称 $f:(X,d_X) \to (Y,d_Y)$ 一致连续.

定理 10.23(一致连续性定理)　若 $f:(X,d_X) \to (Y,d_Y)$ 连续且 (X,d_X) 紧致. 则 f 一致连续.

证明　(反证) 假设不一致连续，则

存在 $\varepsilon_0 > 0$，$\{a_n\}$，$\{b_n\}$，使得对 $\forall n \in \mathbf{N}_+$，$d_X(a_n,b_n) < \dfrac{1}{n}$，$d_Y(f(a_n),f(b_n)) > \varepsilon_0$.

X 为紧致度量空间，则 X 序列紧致，即

$$\{a_n\},\{b_n\} \text{ 有收敛子列} \{a_{n_k}\},\{b_{n_k}\}, a_{n_k} \xrightarrow{k\to+\infty} a, b_{n_k} \xrightarrow{k\to+\infty} b.$$

又 $d_X(a_{n_k},b_{n_k}) < \dfrac{1}{n_k} \xrightarrow{k\to\infty} 0$. 所以 $a = b$.

由 f 连续可知，

$$f(a_{n_k}) \xrightarrow{k\to\infty} f(a), f(b_{n_k}) \xrightarrow{k\to\infty} f(a).$$

这与 $d_Y(f(a_{n_k}), f(b_{n_k})) > \varepsilon_0$ 矛盾.

10.7 LCH 空间

定义 10.8(局部紧致空间) 设$(X,\mathscr{T})$为拓扑空间,若对 $\forall x \in X$,存在 x 的邻域 $V \in \mathscr{T}$,使得 $\overline{V}$ 紧致,则称$(X,\mathscr{T})$局部紧致.

定理 10.24(紧致与局部紧致的关系)

(1) 紧致 $\Rightarrow$ 局部紧致.

(2) 局部紧致 $\nRightarrow$ 紧致.

证明 (1) 取 $V=X$ 即可.

(2) 反例:$(\mathbf{R}, \mathscr{U})$.

注(LCH 空间) 我们把局部紧致的 Hausdorff 空间称为 LCH 空间,即 Locally Compact Hausdorff Space 的缩写.

定理 10.25 设拓扑空间$(X,\mathscr{T})$为 LCH 空间,$x \in U \in \mathscr{T}$,则存在 $V \in \mathscr{T}$,使得 $\overline{V}$ 紧致,且

$$x \in V \subset \overline{V} \subset U.$$

证明 由于 X 局部紧致,不失一般性设 $\overline{U}$ 紧致.

由 $b(U)$ 为闭集且 $b(U) \subset \overline{U}$ 知,$b(U)$ 紧致.

由 $x \in U$,$b(U) \cap U = \varnothing$ 知 $x \notin b(U)$.

再由$(X,\mathscr{T})$为 Hausdorff 空间知,存在 $V_1, V_2 \in \mathscr{T}$ 使得

$$x \in V_1, b(U) \subset V_2, V_1 \cap V_2 = \varnothing.$$

取 $V = V_1 \cap U \in \mathscr{T}$,则

$$x \in V \subset \overline{V} \subset U \subset \overline{U}.$$

由 $\overline{U}$ 紧致可知 $\overline{V}$ 紧致.

定理 10.26 设拓扑空间$(X,\mathscr{T})$为 LCH 空间,K 为 X 的紧致子集,$U \in \mathscr{T}$,且 $K \subset U$. 则存在 $V \in \mathscr{T}$,使得 $\overline{V}$ 紧致,且

$$K \subset V \subset \overline{V} \subset U.$$

证明 对 $\forall x \in K \subset U$,由定理 10.25 知,

存在 x 的开邻域 V_x，使得 $x \in V_x \subset \overline{V_x} \subset U$，且 $\overline{V_x}$ 紧致.

故 $\{V_x\}_{x\in K}$ 构成 K 的开覆盖. 再由 K 紧致知其存在有限子覆盖 $\{V_{x_1}, V_{x_2}, \cdots, V_{x_n}\}$. 取

$$V = V_{x_1} \cup V_{x_2} \cup \cdots \cup V_{x_n} \subset U,$$

则由 $\overline{V_{x_1}}, \overline{V_{x_2}}, \cdots, \overline{V_{x_n}}$ 紧致知，

$$\overline{V} = \overline{V_{x_1}} \cup \overline{V_{x_2}} \cup \cdots \cup \overline{V_{x_n}} \text{紧致，且 } K \subset V \subset \overline{V} \subset U.$$

定义 10.9　设 X 为拓扑空间. K 为 X 的紧致子集，V 为 X 的开集，$f \in C_c(X)$.

(1) 若 $0 \leqslant f(x) \leqslant 1, \forall x \in X$ 且 $f(x) = 1, \forall x \in K$，则称 $K \prec f$.

(2) 若存在 $f \in C_c(X)$ 满足 $0 \leqslant f(x) \leqslant 1, \forall x \in X, \operatorname{supp} f \subset V$，则称 $f \prec V$.

(3) $K \prec f \prec V \Leftrightarrow K \prec f$ 且 $f \prec V$.

定理 10.27（Urysohn 引理：LCH 空间形式）　设拓扑空间 $(X, \mathscr{T})$ 为 LCH 空间，K 为 X 的紧致子集，$U \in \mathscr{T}$，且 $K \subset U$，则存在 $f \in C_c(X)$，使得 $K \prec f \prec U$.

证明　由 $(X, \mathscr{T})$ 为 LCH 空间，K 紧致，$K \subset U \in \mathscr{T}$ 知：

$$\text{存在 } V \in \mathscr{T}\text{，使得 } \overline{V} \text{紧致，且 } K \subset V \subset \overline{V} \subset U.$$

由 Hausdorff 空间性质可遗传与紧致性闭遗传知，$(\overline{V}, \mathscr{T}_{\overline{V}})$ 为紧致的 Hausdorff 空间.

因此，$(\overline{V}, \mathscr{T}_{\overline{V}})$ 为正规空间.

$$K \subset \overline{V}, b(V) \subset \overline{V}. K, b(V) \text{ 均为 } \overline{V} \text{ 中的闭集，且 } K \cap b(V) = \varnothing.$$

由 Urysohn 引理，存在 $g \in C(\overline{V}, [0,1])$，使得

$$g|_K = 1, g|_{b(V)} = 0.$$

令

$$f(x) = \begin{cases} g(x), & x \in \overline{V}, \\ 0, & x \notin \overline{V}. \end{cases}$$

由粘接引理知，f 连续，且

$$\operatorname{supp} f = \operatorname{supp} g \subset \overline{V} \subset U.$$

再由 $\operatorname{supp} f$ 为紧致空间 $\overline{V}$ 的闭子集知 $\operatorname{supp} f$ 紧致.

定理 10.28（Tietze 扩张定理：LCH 空间形式）　设拓扑空间 $(X, \mathscr{T})$ 为 LCH 空间，K 为 X 的紧致子集. 如果 $f \in C(K)$，则

$$\text{存在 } F \in C(X)\text{，使得} F|_K = f.$$

进一步，可以要求 F 在某个紧集之外为 0.

证明留作习题.

定理 10.29（单位分解）设

（ⅰ）$(X, \mathscr{T})$ 为 LCH 空间，

（ⅱ）K 为 X 的紧致子集，$V_1, V_2, \cdots, V_n \in \mathscr{T}$ 且

$$K \subset V_1 \cup V_2 \cup \cdots \cup V_n,$$

则存在函数 $h_i \prec V_i (i = 1, 2, \cdots, n)$，使得

$$h_1(x) + h_2(x) + \cdots + h_n(x) = 1, x \in K.$$

证明 对 $\forall x \in K$，由定理 10.25 知，存在 x 的开邻域 W_x，使得 $\overline{W_x}$ 紧致，且存在 i，使得

$$\overline{W_x} \subset V_i.$$

由 $\{W_x : x \in K\}$ 为 K 的开覆盖及 K 紧致知，存在 $x_1, x_2, \cdots, x_m \in K$，使得

$$K \subset W_{x_1} \cup W_{x_2} \cup \cdots \cup W_{x_m}.$$

令

$$H_i = \bigcup_{\overline{W_{x_j}} \subset V_i} \overline{W_{x_j}},$$

由定理 10.27，存在 $g_i \in f_c(X)$，使得

$$H_i \prec g_i \prec V_i.$$

定义

$$h_1 = g_1,$$
$$h_2 = (1 - g_1) g_2$$
$$\cdots\cdots\cdots$$
$$h_n = (1 - g_1)(1 - g_2) \cdots (1 - g_{n-1}) g_n.$$

容易验证 $h_i (i = 1, 2, \cdots, n)$ 满足要求.

习题 10

1. 设 $(X, \mathscr{T})$ 和 $(Y, \mathscr{T}^*)$ 是两个拓扑空间，$f:(X, \mathscr{T}) \to (Y, \mathscr{T}^*)$ 是一个连续映射. 证明

(1) 如果 X 是一个紧致空间，则 $f(X)$ 也是一个紧致空间；

(2) 如果 X 是一个可数紧致空间，则 $f(X)$ 也是一个可数紧致空间；

(3) 如果 X 是一个序列紧致空间，则 $f(X)$ 也是一个序列紧致空间.

2. (1) 考虑 $\mathbf{N}_+$ 上的奇偶拓扑 $\mathscr{T}$. 证明：拓扑空间 $(\mathbf{N}_+,\mathscr{T})$ 是一个聚点紧致空间，但不是紧致空间，不是可数紧致空间，不是序列紧致空间.

(2) 举出适当的拓扑空间 X, Y 和连续映射 $f: X \to Y$，使得 X 是聚点紧致空间，而 $f(X)$ 不是聚点紧致空间.

3. 设 $(X,\mathscr{T})$ 为拓扑空间，Y 为 X 中非空闭集. 则

(1) $(X,\mathscr{T})$ 紧致 $\Rightarrow (Y,\mathscr{T}_Y)$ 也紧致；

(2) $(X,\mathscr{T})$ 可数紧致 $\Rightarrow (Y,\mathscr{T}_Y)$ 也可数紧致；

(3) $(X,\mathscr{T})$ 聚点紧致 $\Rightarrow (Y,\mathscr{T}_Y)$ 也聚点紧致；

(4) $(X,\mathscr{T})$ 序列紧致 $\Rightarrow (Y,\mathscr{T}_Y)$ 也序列紧致.

4. 设 $(X,\mathscr{T})$ 为紧致 Hausdorff 空间，$\mathscr{T}^*$ 是 X 上的另一个拓扑. 证明：

(1) 若 $\mathscr{T} \subsetneqq \mathscr{T}^*$，则 $(X,\mathscr{T}^*)$ 是 Hausdorff 空间，但不是紧致空间；

(2) 若 $\mathscr{T}^* \subsetneqq \mathscr{T}$，则 $(X,\mathscr{T}^*)$ 是紧致空间，但不是 Hausdorff 空间.

5. 证明：

(1) 拓扑空间 $(X,\mathscr{T})$ 中任何有限个紧致子集的并集还是一个紧致子集；

(2) 拓扑空间 $(X,\mathscr{T})$ 中任何一族紧致闭子集的交还是一个紧致子集.

6. 设 $X=\mathbf{R}\cup\{-\infty,\infty\}$，$\mathscr{U}$ 为 $\mathbf{R}$ 上的通常拓扑，

$$\mathscr{T}=\mathscr{U}\cup\{X\}.$$

证明：(1) $\mathscr{T}$ 是一个 X 的一个拓扑.

(2) 考虑 X 的子集

$$x_1=\mathbf{R}\cup\{-\infty\},X_2=\mathbf{R}\cup\{\infty\},$$

说明 X_1, X_2 都为 X 的紧致子集，但它们的交不是 X 的紧致子集.

7. 考虑拓扑空间 $(\mathbf{R},\mathscr{T})$，其中

$$\mathscr{T}=\{U: 0\in U\subset \mathbf{R}\}\cup\{\varnothing\}.$$

说明拓扑空间中一个紧致子集的闭包可以不是紧致的.

参考文献

[1]熊金城. 点集拓扑讲义[M]. 5 版. 北京：高等教育出版社，2021.

[2] MUNKRES J R，Topology [M]. 2 版. 北京：机械工业出版社，2022.

[3]FOLLAND G B. Real Analysis：Modern Techniques and Their Applications [M]. 2 版. 北京：世界图书出版公司，1999.

[4]RUDIN W. Principle of Mathematical Analysis[M]. 3 版. 北京：机械工业出版社，2019.

[5]RUDIN W. Real and Complex Analysis[M]. 3 版. 北京：机械工业出版社，2004.

[6]LIPSCHUTZ S. Schaum's Outline of General Topology[M]. New York：McGraw Hill，2011.

[7]汪林. 拓扑空间与线性拓扑空间中的反例[M]. 北京：高等教育出版社，2018.